冬小麦地上生物量遥感估算研究

任建强　刘杏认　吴尚蓉　陈仲新　著

U0306658

中国农业科学技术出版社

图书在版编目（CIP）数据

冬小麦地上生物量遥感估算研究 / 任建强等著. --北京：中国农业科学技术出版社，2021.10

ISBN 978-7-5116-5455-7

Ⅰ.①冬… Ⅱ.①任… Ⅲ.①遥感技术—应用—冬小麦—生物量—研究 Ⅳ.①S512.1

中国版本图书馆 CIP 数据核字（2021）第 165032 号

本书地图经自然资源部审核

审图号：GS（2021）6927号

责任编辑	李　华　　崔改泵
责任校对	马广洋
责任印制	姜义伟　　王思文

出 版 者	中国农业科学技术出版社
	北京市中关村南大街12号　　邮编：100081
电　　话	（010）82109708（编辑室）（010）82109702（发行部）
	（010）82109709（读者服务部）
传　　真	（010）82106650
网　　址	http:// www.castp.cn
经 销 者	各地新华书店
印 刷 者	北京建宏印刷有限公司
开　　本	170 mm×240 mm　1/16
印　　张	11.5
字　　数	215千字
版　　次	2021年10月第1版　　2021年10月第1次印刷
定　　价	85.00元

前　言

　　农作物生物量是作物产量形成的基础，准确的生物量信息对于国家有效指导农业生产、保障国家粮食安全、促进农业可持续发展，以及全球碳循环和生物质能源利用等基础研究均有重要的意义。作物生物量估算涉及多种学科与技术，相对于费时耗力的作物生物量传统实测方法，基于遥感技术开展作物生物量估算具有大面积同步观测的巨大优势。因此，如何利用多源遥感信息、多模型和多方法开展大范围作物生物量准确估算已经成为农业遥感研究中的重要议题之一。小麦是我国三大谷物之一，是国内重要的粮食作物。对于中国这样一个拥有14多亿人口的大国来说，确保粮食安全至关重要。在"确保谷物基本自给、口粮绝对安全"的新形势下，作为我国重要的口粮作物，小麦产量丰歉对国家粮食安全新战略实施、稳固牢靠的国家粮食安全保障体系构筑具有重要意义，准确获取小麦生物量动态生长信息直接关系到作物长势监测和产量估测精度，从而对国家指导农业生产和粮食安全科学决策产生重要影响。因此，本书以我国北方粮食主产区黄淮海平原为研究区域，以河北省衡水市等地为典型试验区，以冬小麦为研究对象，在野外观测试验、室内数据处理与分析、室内模型建立与定量模拟等支持下，对作物地上生物量遥感估算的统计模型、半机理模型和机理模型进行深入研究，对及时、准确地获取作物地上生物量信息，有效指导我国粮食生产和保障国家粮食安全具有重要意义。

　　本书系列研究受到国家自然科学基金面上项目"区域冬小麦收获指数遥感定量估算模型与方法及其时空特征（41871353）"、国家自然科学基金面上项目"作物种植面积和产量统计数据降尺度空间表达及时空变化分析（41471364）"、国家自然科学基金国际（地区）合作与交流项目"基于定量遥感和数据同化的区域作物监测与评价研究（61661136006）"、科技部国际科技合作项目（2010DFB10030）、科技部国家高技术研究发展计划（863计划）"地球观测与导航技术领域""星机地综合定量遥感系统与应用示范（一期）"项目课题"全球大宗作物遥感定量监测关键技术

（2012AA12A307）"、农业农村部农情遥感监测业务项目、中国农业科学院科技创新工程等共同资助。

本书是作者近些年来开展农作物地上生物量遥感估算相关研究的总结，部分技术方法已经在农作物遥感监测实际工作中得到了一定应用。本书系列研究与应用工作主要依托中国农业科学院农业资源与农业区划研究所、农业农村部农业信息技术重点实验室、农业农村部农业遥感重点实验室、国家遥感中心农业应用部、农业农村部遥感应用中心研究部、中国农业科学院农业环境与可持续发展研究所等平台进行。感谢农业遥感团队和智慧农业团队唐华俊院士/研究员、周清波研究员、杨鹏研究员和吴文斌研究员等对本项研究工作给予的长期支持，感谢中国科学院青藏高原研究所秦军研究员、中国科学院地理科学与资源研究所石瑞香博士对本书相关模型研究给予的技术支持，感谢中国农业科学院农业资源与农业区划研究所遥感室刘佳研究员、姚艳敏研究员、王利民研究员、孙亮研究员、张莉博士、李丹丹硕士、余福水硕士等对本书相关研究给予的大力支持，在此一并感谢。此外，感谢中国农业科学院农业资源与农业区划研究所遥感室姜志伟博士、李贺博士、李宗南博士和刘长安博士等在野外观测试验中给予的大力支持。另外，感谢刘斌硕士在本书相关研究、书稿撰写和野外试验中所作的贡献。

本书共分为7章。第1章绪论，介绍农作物地上生物量遥感估算的背景、意义和农作物地上生物量遥感估算研究进展和存在的主要问题；第2章阐述了基于冠层高光谱估算作物地上生物量的敏感波段筛选和波宽优选方法；第3章在研究了地面高光谱构建的窄波段植被指数与冬小麦生物量敏感波段中心及其最优波段宽度的基础上，对基于Hyperion高光谱影像的冬小麦地上生物量反演进行介绍；第4章以所筛选的敏感波段中心作为指导，阐述了GF-1和Landsat 8 OLI等宽波段多光谱遥感数据的区域冬小麦地上生物量反演与应用；第5章阐述了基于光能利用率模型的地上生物量遥感估算技术与方法；第6章阐述了基于遥感信息和作物生长模型数据同化的作物地上生物量定量模拟技术方法；第7章展望，对本书整体研究内容进行总结，并对作物地上生物量遥感估算技术发展进行展望。

本书各章节初稿写作分工如下：第1章由任建强、刘斌撰写；第2章由刘斌、吴尚蓉、任建强撰写；第3章由任建强、刘杏认、吴尚蓉、刘斌撰写；第4章由刘斌、任建强撰写；第5章由任建强、刘杏认撰写；第6章由任建强、陈仲新撰写；第7章由任建强撰写。任建强和刘杏认对全书进行统稿与修改。

　　农作物生物量遥感估算是一项复杂的科学研究和技术应用工作，涉及遥感、空间信息、计算机、农学和地学等多种学科和技术的方方面面，本书主要从作者近些年个人积累角度对已开展的农作物生物量遥感估算实际工作进行总结性叙述，因此，该书的部分内容和技术细节还有待进一步提高和完善。由于著者水平和精力所限，书中内容和观点难免存在不足之处，诚恳希望同行和读者批评指正。

著　者

2021年4月

目　录

1 绪论

作物生物量是农田生态系统研究的重要生物物理参数之一，是作物产量形成的基础，同时也是指导作物生产管理的重要指标，准确的作物生物量估算信息能够为粮食安全问题提供重要的数据参考。作为表征作物群体长势和生长状况的重要参数，准确获取作物生物量信息对于作物产量估算、作物长势监测、作物田间管理与调控等都具有重要的意义（Zheng et al.，2004；Baret et al.，2008；Liu et al.，2017；张凯等，2009；夏天，2010；蒙继华等，2011；王轶虹，2016；王轶虹等，2016；张领先等，2019）。此外，作物生物量信息还可为农田/陆地生态系统碳循环、全球气候变化、生物质能源利用、农田生态系统中能量平衡、能量流动和养分循环等研究提供重要基础数据（Liao et al.，2004；张文龙，2011；王晓玉，2014；邢红等，2015）。传统的作物生物量观测方法调查效率低且缺乏直观的空间分布信息，随着3S（GIS，地理信息系统；RS，遥感；GPS，全球定位系统）技术的发展，特别是具有宏观性和时效性等优势的遥感技术发展，为区域作物生物量反演提供一种重要的工具和手段，也为更大范围、更深入研究作物生物量估算方法提供了契机。

1.1 作物生物量相关概念

生物量（Biomass）是陆地生态系统内表征植被群落数量特征的重要生物物理参数之一。作物生物量（Crop biomass）是指某一时刻单位面积内实存生活的有机物质（干重）总量或鲜重总量（王成等，2010；Ljubicic et al.，2018）。在农作物生长季内，其生物量累积过程一般遵循"S"形曲线，生长过程大体可分为3个阶段，即早期生长阶段、中期快速生长阶段和后期衰老阶段。在农作物的早期生长阶段，作物叶片通过光合作用不断使植株及叶片生长，叶片的延伸促进了光合作用，这一正反馈过程一直持续到作物冠层将地面完全覆盖；在此之后便进入作物的快速生长阶段，在此阶段光合作用达到最大，作物保持最高的生长率不断累积生物量；快速生长期持续到作物衰老期，由于作物成熟和衰老的缘故，叶片的光合作用效率逐渐下降，直至农作物成熟。在农作物的生长过程中，干生物量累积过程直至植株完全成熟；在植株衰老过程中，由于水分的缺失，导致鲜生物量在这一阶段会有一定程度的下降（Loomis et al.，2002）。

作为农作物产量形成的基础，生物量的准确估算对于保证国家粮食安全有着重要意义。传统的作物生物量获取方法采取实测法，即在区域内布设地面调查样点，通过人工对样点生物量进行实地收割，获取离散形式实测点生物量信息。生物量实测法具有精度高等特点，但该方法调查过程效率低，费时耗力，且对农作物具有一定破坏性，大范围空间尺度操作存在较大困难，因此，无法直接获取直观的作物生物量空间分布信息。此外，通过升尺度将实测点作物生物量结果转换为区域尺度作物生物量仍具有一定挑战，而且尺度转换对样本密度具有较高要求，需样本密度足够大才能使用尺度转换方法。另外，基于作物产量统计数据也可以实现作物生物量的估算，即在实地调查或查询资料基础上，获得大范围作物秸秆系数（即作物秸秆产量与经济产量间比例），从而利用作物经济产量实现作物生物量的估算（Liao et al.，2004；王晓玉，2014；邢红等，2015；王轶虹，2016；王轶虹等，2016）。该方法原理简单，数据较易获取，在大范围内农作物生物量估算中具有一定可操作性。但该类方法中重要参数秸秆系数需要具有一定时效性，且作物产量统计数据具有一定滞后性，导致该类作物生物量估算方法的时效性也较差。另外，由于统计数据均以行政单元为单位，这导致该类方法无法得到像元尺度作物生物量空间分布信息，从而使得该类方法距离大范围精细化作物生物量空间获取要求尚有一定距离。

随着3S技术的发展，特别是具有宏观性和时效性等优势的遥感技术发展为陆地表面植被参数获取提供了一种重要的工具和手段，越来越多的高时间、高空间、高光谱分辨率的多平台、多传感器遥感信息被用于作物生物量遥感信息获取，对促进陆地表面植被信息参数定量获取和农业定量遥感技术发展发挥了重要作用。

作物生物量分为地上生物量和地下生物量两部分，本书利用遥感技术估算的生物量为地上生物量，包括地上干生物量和地上鲜生物量。

1.2 基于遥感的作物生物量反演主要研究进展

1.2.1 生物量遥感反演主要模型和方法

根据数据源的不同生物量反演可分为基于传统光学遥感数据的生物量反演、基于高光谱数据的生物量反演和基于雷达数据的生物量反演。基于传统光学遥感数据的生物量反演，主要通过光谱波段运算构建的植被指数进行生物量拟合，这种通过分析生物量与植被指数关系进而建立模型来估算生物量的方法在农作物、草地以及森林方面得到了广泛地应用；基于高光谱数据的生物量反演，主要应用高光谱数据所提供的丰富光谱信息，使得光谱分析有更多的波段选择，提高了对作物的监测能力；基于雷达数据的生物量反演，目前大多应用于森林生物量估算，而农作物生物量研究相对较少，且仅仅通过多种极化方式与农作物生物量相关关系进行作物生物量估算（Forzieri et al.，2012；Johansen et al.，2014；Xu et al.，2007；Yan et al.，2015；岳继博和齐修东，2016；康伟等，2019）。目前，遥感技术已经成为大范围农作物生物量信息获取中应用最广泛的技术之一。根据对作物生物量形成机理描述程度的不同，通过遥感获取生物量的主要方法可分为统计模型、半机理模型和机理模型3类（Chen et al.，2008）。具体看，可细分为基于参数化遥感信息统计模型的作物生物量估算、基于净初级生产力模型的作物生物量估算、基于作物生长模型的作物生物量估算、基于作物表面模型的作物生物量估计以及基于机器学习方法的作物生物量估算。

1.2.1.1 基于参数化遥感信息统计模型的作物生物量估算

基于遥感数据统计模型的作物生物量估算主要是指直接利用遥感信息（如遥感单波段或多波段、各种遥感波段组合获得的遥感指数等）与地上生物量数据建立统计模型（夏天，2010；张远等，2011；岳继博和齐修东，2016；仇瑞承等，2018；Kross et al.，2015；Yue et al.，2018）。其中，各类遥感指数包括归一化植被指数（NDVI）、增强型植被指数（EVI）、比值植被指数（RVI）、差值植被指数（DVI）、叶面积指数（LAI）、绿波段归一化植被指数（GNDVI）、再次归一化植被指数（RDVI）、修正的土壤调节植被指数（MSAVI）等（Hansen et al.，2003；何磊，2016；郑阳，2016；姚阔等，

2016；翟鹏程等，2017）。按照遥感数据类别进行细分，该类统计模型分为光学数据遥感模型、雷达数据遥感模型、光学和雷达遥感模型。其中，光学数据遥感模型包括基于多光谱的作物生物量估算以及基于高光谱的作物生物量估算。基于遥感数据的统计模型虽然方法本身涉及作物生物量形成机理较少，但因方法简单、可操作性强等优势使得统计模型得到了比较广泛的应用（梁顺林等，2013），但统计模型方法本身涉及作物生物量形成机理少，估算模型区域间迁移性受到一定限制（贺佳等，2017；郑阳等，2017；董羊城等，2019）。

1.2.1.2 基于净初级生产力模型的作物生物量估算

目前，常见净初级生产力（Net primary production，NPP）估算模型主要包括气候相关模型、生理生态过程模型、光能利用率模型和生态遥感耦合模型（朱文泉等，2005）。气候相关模型代表模型包括Miami模型、Chikugo模型、Thornthwaite Memorial模型等，这类模型主要利用温度、降水和太阳辐射等气候因子来估算作物NPP，且一般模拟潜在净初级生产力（朱文泉等，2005；周广胜等，1998；陈利军等，2002）。生理生态过程模型主要基于植物生长发育生理过程或生态系统内部功能过程对冠层光合作用、蒸腾作用、碳氮变化等进行模拟，该类模型代表主要为TEM模型（Raich，1991；Melillo et al.，1993；McGuire et al.，1995）、CENTURY模型（Parton et al.，1993）、BIOME-BGC模型（Running et al.，1988，1989，1999；Asrar et al.，1984）等，但此类模型相对较为复杂，所需输入参数较多且部分参数获取较为困难，一定程度上阻碍了该类模型大范围应用。光能利用率模型又称参数模型，该类模型将NPP调控因子简单组合在一起，模型简单，且模型中部分关键参数可以与遥感信息紧密结合，该类模型中主要代表为CASA模型（Potter et al.，1993；Field et al.，1995，1998）和GLO-PEM模型等（Prince et al.，1995），此类模型特点和优势主要包括两点：一是模型具有较强的区域适用性，如特别适合大范围乃至全球尺度净初级生产力计算；二是模型简单且输入参数较少。另外，大部分参数可通过遥感技术获取，非常利于净初级生产力模型大范围推广应用。参数模型主要通过光合有效辐射（Photosynthetically active radiation，PAR）、光合有效辐射分量（Fraction of photosynthetically active radiation，fPAR）和干物质转化效率系数（ε）三者决定（Brogaard et al.，1999；Tao et al.，2005；侯英雨等，2007），该模型最初由Monteith提出（Monteith，1972）。在大范围光能利用率模型研究中，可通过作物主要关键期的光合有效辐射PAR的累积值、光合有效辐射分量fPAR的平均值和光能转化干物质效率（ε）的平均值来求算主要关键生育期内作物干物质累积量（陈利军，2001；陈华，2005；马龙，2005）。但是，光能利用率模型在大范围内一些参数定量获取也还存在一定困难，如光能转化干物质效率（ε）和农作物收获指数（Harvest index，HI）等，这在一定程度上影响该方法作物生物量估算精度进一步提高（刘真真等，2017）。生态遥感耦合模型主要模型代表为BEPS模型和改进的PEM模型，该类模型融合了生态过程和遥感模型的优点，可较好地反映大范围甚至全球尺度净初级生产力估算的可靠性和可操作性，但目前该类模型仍然处于尝试阶段和不断探索阶段（周珺，2013）。

综合来看，基于净初级生产力模型的作物生物量估算能够较为准确实现作物生物量的估算，如生理生态过程模型和光能利用率模型能够从机理角度对光合作用、呼吸作用、蒸腾作用、土壤水分散失过程等进行模拟，但该类模型需对生理生态过程模型进行简化，从而进一步增强区域尺度甚至全球尺度作物生物量估算的可行性和可操作性（王渊博等，2016）。

1.2.1.3　基于作物生长模型的作物生物量估算

基于作物生长模型的作物生物量估算是一种属于机理模型的生物量估算方法，该模型方法是一种最有发展潜力的模型方法，不仅机理性强，面向过程，而且可逐日模拟作物生长变化状况，但生长模型输入参数多，部分关键参数（如田间管理和作物品种信息等）在大范围区域内准确获取存在一定困难，这在一定程度上影响了作物生长模型在大范围作物生物量估算中的应用（任建强等，2011）。目前，国内外有上百种针对各种作物的生长模型，影响较大的主要生长模型包括荷兰的WOFOST模型，美国的DSSAT系列、CERES系列、EPIC模型、CROPSYST模型，澳大利亚APSIM系列，中国的CCSODS系列以及国际粮食及农业组织（FAO）的AquaCrop等模型。

随着遥感技术的不断发展，具有即时性强、区域覆盖（空间连续）特点的遥感信息与机理性强、面向过程（时间连续）的作物生长模型构成了良好互补关系，二者结合可以保证生物量估算结果的时间连续性，而且空间上可以完全覆盖，从而一定程度上提高作物生长模拟的区域精度。因此，将遥感信息与作物生长模型耦合，使作物生长模型从单点模拟发展到区域应用，成为近年作物生长模型应用中的一个热点（闫岩等，2006；Machwitz et al.，2014；黄健熙等，2018；程志强等，2020）。因此，随着遥感数据同化作物生长模型的技术不断发展，利用作物生长模型进行区域范围作物生物量模拟和预测已经成为可能。此外，利用雷达信息同化作物模型进行小范围作物生物量模拟也取得了一些有价值的研究成果（谭正等，2011）。另外，随着遥感技术和光能利用率模型的共同发展，基于遥感与光能利用率模型（如SAFY模型）同化的作物长势指标（如作物地上生物量等）模拟与监测也越来越受到关注，并取得了一定研究成果（刘明星等，2020）。

1.2.1.4 基于作物表面模型的作物生物量估算

基于作物表面模型（Crop surface models，CSM）的生物量估算主要采用无人机或三维激光扫描仪等设备获得高时空分辨率的作物RGB可见光影像或三维点云数据，在此基础上利用计算机视觉软件进行处理，利用作物表面模型（CSMs）获得作物株高信息。最终，通过建立株高信息与实测作物生物量进行相关分析，从而构建相应作物生物量估算模型（王渊博等，2016）。目前，国内外部分学者已经利用该方法开展了基于小麦、水稻等株高数据和相应作物生物量估算模型研究，取得了一定研究进展（Bendig et al.，2013，2014；Tilly et al.，2014；Bendig et al.，2015；邱小雷等，2019）。但是，该方法中作物株高与作物品种及农田管理水平相关，因此，模型对一般农田的普适性检验需进一步加强。此外，该类方法主要通过无人机或三维激光扫描仪等设备获得株高信息，在大范围应用中存在一定困难，因此，该方法仍需考虑与卫星遥感技术的结合，从而实现大范围作物生物量估算（王渊博等，2016）。

1.2.1.5 基于机器学习方法的作物生物量估算

近些年来，进一步提高作物生物量的估测精度，考虑到参数化统计模型简单易操作，但该类模型作物生物量估算精度主要依靠遥感参数与作物生物量间的线性相关性影响，为了描述作物生物量与遥感数据间的非线性关系，一些机器学习方法在作物生物量遥感估算中也得到了一定应用，如神经网络法、K-最近邻法、支持向量机法、决策树法和随机森林法等方法（杨晓华等，2009；崔日鲜等，2015；岳继博等，2016；吴芳等，2019；李武岐等，

2020；Verrelst et al.，2012；Wang et al.，2016；Ma et al.，2019）。

1.2.2 生物量估算主要数据选择

在现有的生物量遥感反演方法中，不同尺度平台的遥感数据得到了充分应用，特别是冠层尺度数据为作物生物量卫星遥感反演奠定了重要理论和方法基础。近些年来，随着遥感技术的发展，不同尺度平台遥感数据逐步得到应用，特别是无人机遥感数据发展为基于卫星遥感数据的作物生物量估算提供了较好尺度转换桥梁（陆国政等，2017；肖武等，2018；邓江等，2019；石雅娇和陈鹏飞，2019；陶惠林等，2020；程志强等，2020；Yue et al.，2017；Yue et al.，2021）。目前，大范围作物生物量遥感估测仍需依靠卫星遥感数据进行，主要应用的卫星遥感数据可分为传统光学遥感数据、雷达数据和高光谱数据。此外，为了进一步提高作物生物量估算精度，部分学者采用多源遥感数据融合（如光学数据和雷达数据）进行作物生物量遥感监测研究，取得了较好的生物量估测结果（李天佐，2018）。

传统光学遥感数据具有较高的空间分辨率和较高的识别地物能力。近年来，MODIS、TM、HJ等卫星数据在作物生物量遥感反演中得到了大量的应用，也取得了一定的成果（Yang et al.，2012；Zhang et al.，2014；Jin et al.，2015；武婕，2014；刘明等，2015；王丽爱等，2019）。但数据本身易受多云、多雨、多雾等天气的影响，难以确保数据的时空连续性，这不利于农作物生育期内生物量以及长势的实时监测。

相对于光学遥感，雷达具有全天候、全天时观测的优势，是获取农业信息的重要手段，目前雷达数据用于森林植被生物量估算较多，近年也有在小范围农作物生物量估算的应用报道（Ferrazzoli et al.，1997；Brown et al.，2003；Wigneron et al.，1999；Gao et al.，2013；Mansaray，2019；Zhang et al.，2019；董彦芳等，2005；何磊，2016；贺法川，2020）。如有学者基于不同波段雷达数据进行农作物生物量反演，取得了良好的效果（张远等，2011）。同时，雷达数据不同极化方式以及入射角对农作物生物量的敏感程度不尽相同，不同的极化方式配合不同的入射角往往可以取得较好的估算效果（Gnyp et al.，2014；沈国状等，2009）；也有学者利用雷达数据构建数字地表模型进行生物量估算（Eitel et al.，2014）。利用雷达数据建立的生物量估测模型，充分利用了后向散射信息，并且具有良好的时间连续性。综合考虑到雷达数据的复杂性，短时间内将雷达数据应用于大面积农作物生物量估算尚存在一定困难。

高光谱数据的优势在于具有更加丰富的光谱信息以及相对较高的空间分辨率（如Hyperion为30m），这使得地表植被光谱分析有更多的波段选择，提高了对作物的监测能力，是研究地表植被地学过程中对地观测的强有力工具（唐延林等，2004；Gnyp et al.，2014）。通过高光谱数据优选敏感波段，优化植被指数，改进估测模型，对提高生物量估算精度有一定的积极作用（宋开山等，2005）。

1.2.3　作物生物量估算的特征参量

在现有研究中，植被指数、光谱特征边参量和光谱反射率、光谱导数是农作物生物量估算常用的特征参量（徐小军等，2008）。健康植物的波谱曲线有明显的特点，在可见光的0.55μm绿波段附近有一个反射峰，以0.45μm为中心的蓝波段和以0.66μm为中心的红波段叶绿素强烈吸收辐射能而呈吸收谷，在近红外波段的0.74~1.3μm形成大的反射峰等（赵英时等，2013）。植被冠层的光谱特性及其差异对植被的不同要素或某种特征状态有各种不同的相关性，考虑到植被遥感的复杂性，单波段或者多波段提取植被信息具有相当的局限性（王秀珍等，2003），因而往往将多波段数据进行分析运算（加、减、乘、除等线性或非线性组合方式），产生某些对植被长势、生物量等有一定指示意义的数值——即所谓的"植被指数"。随着对冠层光谱及影响光谱因素的深入研究，植被指数的针对性越来越强，在估算精度上也有了较大程度的提高。其中归一化植被指数（NDVI）（Deering et al.，1978）、比值植被指数（RVI）（Pearson et al.，1972）、差值植被指数（DVI）（Richardson et al.，1977）、增强型植被指数（EVI）（Huete et al.，1999）等常被用于生物量估算。对于高光谱数据，有学者将宽波段植被指数计算公式直接应用于高光谱窄波段（Broge et al.，2000），或在研究冠层光谱反射率曲线基础上构建新的植被指数，如红边三角植被指数（Red-edge triangular vegetation index，RTVI）（陈鹏飞等，2010）、光谱深度指数（Ren et al.，2014）等。不同的植被指数对农作物参数的敏感性不同，在特定的生育期以及植被结构下，植被指数对生物量反演的效果也不尽相同。

光谱特征边参量，如红边参量（Baret et al.，1992），在农作物生物量反演中应用广泛且能够有效地反演农作物生物量。有学者将NDVI与红边（705～745nm）的反演结果进行对比，发现红边反演精度要优于传统NDVI（Mutanga et al.，2012），同时，红边参数也可以在一定程度上消除背景影响，提高生物量的反演精度（唐延林等，2004）。目前，红谷位置、红边位置（Pu et al.，2003）、红边峰值（Red-edge peak）面积（Filella et al.，1994）、绿峰（姚付启等，2012）等在农作物生物量遥感反演中均表现出一定应用潜力。

利用高光谱光谱反射率与光谱导数进行生物量反演是最直接的研究方法。利用光谱反射率进行农作物特定生育期的生物量反演可以取得较好的效果，一些研究认为，作物拔节期生物量与绿光、红光波段反射率具有极显著相关关系，作物成熟期的敏感波段主要在红光和近红外波段，利用波段反射率或者一阶微分光谱构建的模型取得了可观的估算效果（王备战等，2012；武婕等，2014）。

综合以上分析，利用光谱特征参量可以实现农作物生物量遥感反演，为大面积的农作物产量估测提供数据支持，也为保证国家粮食安全提供保障。近些年来，部分学者考虑到仅使用植被指数反演生物量时存在模型因素较为单一等问题，在作物生物量估算时将海拔、坡度和坡向等地形因子进行考虑，从而进一步提高了模型精度，增强了模型区域适用性（张新乐等，2017；徐梦园，2019）。

1.2.4　作物生物量遥感反演主要进展

近年来，多光谱遥感（如MODIS、TM、HJ、SPOT5等）以及高光谱（如Hyperion）等光学遥感数据在农作物生物量估算中得到了广泛应用，并且取得了大量研究成果（Yang et al.，2012；Marshall et al.，2015；Dong et al.，2016；武婕，2014；谭昌伟等，2015；翟鹏程等，2017）。武婕等（2014）发现SPOT-5近红外和红光波段提取的NDVI、SAVI、RDVI、MSAVI等与成熟期玉米生物量相关性明显高于以其他波段构建的植被指数，说明成熟期玉米生物量的敏感波段主要是在近红外和红光波段，并以此完成了玉米作物生物量估测。

多光谱遥感数据在农作物生物量遥感估算应用中充分体现了其大面积同步监测和重访周期短的优势，但是在农作物关键生育期内不同时相的遥感影像中，遥感影像所提供的光谱信息与生物量的相关性有较大差别（欧文浩等，2010），这在一定程度上限制了遥感数据的使用效率。利用多光谱遥感数据提取光谱反射率，计算植被指数，并结合地上生物量实测数据建立统计模型进行区域生物量估算的方法被广泛应用，但在光谱波段选取以及植被指数选择上存在较大的不确定性，难以获得稳定的指数进行区域生物量遥感反演。因此，分析多光谱遥感数据波段间的细微差异，准确选取多光谱波段以及植被指数对高精度反演作物参数具有重要意义。

随着遥感技术的发展，具有更高光谱分辨率（通常波段宽度小于10nm）的成像高光谱遥感可获得可见光和近红外区域几十甚至数百个连续窄波段光谱信息，这为在光谱维深入开展关键农情参数定量反演提供了丰富信息源，且地面非成像高光谱也为成像光谱仪传感器光谱范围确定、波谱设置和遥感数据评价发挥了重要作用（浦瑞良等，2000）。近些年，国内外学者开展了较多利用冠层高光谱遥感数据进行作物生物量参数反演的研究（Thenkabail et al.，2000；Ren et al.，2012；Mariotto et al.，2013；Fu et al.，2014；Amaral et al.，2015；何诚等，2012；王玉娜等，2021）。结果表明，高光谱遥感数据在估算作物生物量等生物物理参数方面比多光谱数据具有一定改进和提高（Winterhalter et al.，2012；Andrea et al.，2015；Zandler et al.，2015）。同时，由于高光谱数据相邻波段信息相关性高，信息冗余性必然会增加（何元磊等，2010；Thenkabail et al.，2004），国内外学者也开展了一系列高光谱作物参数反演敏感波段、波段组合以及遥感指数筛选研究（Dian et al.，2016；Hansen et al.，2003；Siegmann et al.，2015；宋开山等，2005；刘占宇等，2006；姚霞等，2009；侯学会等，2012；徐旭等，2015），为进一步提高农作物生物量遥感估算精度发挥了重要作用。其中，有学者开展了植被参数最佳波段选取研究（高红民等，2015；李志花等，2015；程志庆等，2015），进一步改进了波段优选算法及精度，这对研究波段潜力及评价具有重要意义（Zandler et al.，2015）；针对多光谱遥感各种传感器红光通道和近红外通道的中心位置和波段宽度不尽相同对NDVI的重要影响，一些学者开展了水稻等作物冠层光谱波段中心位置和宽度对作物NDVI的影响研究（王福民等，2008；唐建民等，2015），对进一步认识NDVI指数和提高作物监测精度具有一定意义。

　　雷达具有全天候、全天时观测的优势，根据不同的波段以及极化方式构建模型来实现地上生物量的估算是获取农业生物量信息的重要手段，在农作物生物量估测中也具有巨大的潜力。Mattia等（2009）通过对C波段数据分析，表明当入射角为23°时，VV极化模式与抽穗前小麦生物量最为敏感；入射角40°时，HH极化与VV极化下后向散射的比值与小麦生物量相关性很强。Eitel等（2014）建立数字表面模型与数字地貌模型以获取植被与裸土的高度差，利用地面激光扫描仪数据，对冬小麦分蘖、拔节期生物量进行了估测。张远等（2011）集成改进的微波冠层散射模型和遗传算法优化工具，实现了对水稻冠层体散射特征的模拟，有效地利用L波段雷达遥感数据ALOS/PALSAR开展区域尺度的水稻结构参数定量反演及生物量估算。利用雷达数据建立的生物量估测模型，充分利用了后向散射信息，并且具有良好的时间连续性。随着雷达技术的不断发展，雷达数据呈现出多样化的发展趋势，干涉雷达以及激光雷达在生物量估测方面也有良好的表现（Inoue et al.，2002；Tsui et al.，2013）。但是，综合考虑到雷达成像原理的复杂性，且不同角度或极化方式产生的效果可能不同，因此，在估测农作物生物量时存在一定饱和现象，在大范围内将雷达技术应用于农作物生物量估算仍存在一定困难。

1.3　本章小结

　　综上所述，在准确把握农作物生物量遥感估算主要发展现状和各种模型方法的特点、优势和不足等基础上，针对区域农作物生物量遥感估算主要模型、技术方法的发展趋势，本书以我国黄淮海粮食主产区为研究区域，以河北省衡水市等地为典型试验区，以冬小麦为研究对象，在野外地面观测试验、室内数据处理分析、室内模型建立与定量模拟等研究手段支持下，针对作物地上生物量遥感估算统计模型、半机理模型和机理模型等不同模型方法以及多光谱、高光谱等遥感数据，开展区域作物生物量遥感估算关键技术研究探索、改进和区域应用，对准确获取大范围农作物生物量遥感信息和提高我国农作物生物量估算精度具有重要意义。

2 冠层高光谱估算冬小麦生物量的敏感波段优选

作物生物量是单位面积内作物积累有机物质的总量，该指标不仅能够反映作物长势状况，而且是作物重要的生态生理参数之一，与作物群体初级净生产力和最终产量密切相关。随着遥感技术的发展，利用电磁波狭窄波段（一般<10nm）获得地物有关连续光谱数据信息的高光谱遥感技术在20世纪80年代开始出现，这为在光谱维深入开展关键农情参数定量反演提供了丰富信息源（浦瑞良等，2000）。高光谱遥感凭借其波段连续性强、光谱数据量大的优势，能及时有效地宏观监测作物群体信息，在农业定量遥感研究中得到广泛应用，已经成为观测地表植被状况的强有力工具（郑玲等，2016）。

通过文献可知，国内外学者围绕冠层高光谱遥感作物生物量参数定量反演已经开展了一系列深入研究（Mariotto et al.，2013；Ren et al.，2012；Fu et al.，2014；Amaral et al.，2015；乔星星等，2016；贾学勤等，2018；杨晨波等，2019；殷子瑶等，2018；王凡和李敏阳，2018），结果表明高光谱遥感数据在作物生物物理参数（如作物生物量等）估算方面比多光谱遥感数据有较大的改进和提高，表现出良好的应用前景（Andrea et al.，2015；Zandler et al.，2015）。众多研究表明，高光谱遥感数据在作物生物量等生物理化参数估算方面比多光谱遥感数据更具特点和优势，已经成为最有应用潜力的遥感数据类型之一（Hansen et al.，2003；Thenkabail et al.，2004；Siegmann et al.，2015；Dian et al.，2016；宋开山等，2005；刘占宇等，2006；徐旭等，2015）。同时，针对高光谱数据相邻波段信息相关性高导致信息冗余性增加的问题，国内外学者对作物参数高光谱反演敏感波段筛选、波段组合及遥感指数优选等内容也开展了一系列研究，对提升农作物生物量遥感估算精度和水平起了重要作用（高红民等，2015；李志花等，2015；程志庆等，2015；

Zandler et al., 2015）。因此，如何进行高光谱敏感波段选取和有效信息提取成为高光谱数据应用的关键步骤之一，也是进一步开展植被参数高光谱遥感反演模型研究的重要工作基础。

为实现多光谱遥感和高光谱遥感的区域作物生物量准确估测，本研究首先开展基于冠层高光谱的生物量估算敏感波段和敏感波段宽度优选研究，从而为多光谱遥感估算区域作物生物量提供一定指导。其中，主要方法是通过构建冬小麦生物量与高光谱任意两波段构建的植被指数间线性模型，得到拟合精度R^2二维图，进行高光谱波段与生物量敏感性分析，确定R^2极大值区域重心为敏感波段中心。在此基础上，逐步扩展敏感波段中心宽度，并以扩展后波段宽度内反射率均值构建的植被指数进行精度验证，最终获得敏感波段最优波段宽度。

2.1 研究区域

本章研究区位于中国北方粮食生产基地黄淮海平原区内河北衡水深州市（37.71°N～38.16°N，115.36°E～115.8°E）。该区域属于温带半湿润季风气候，大于0℃积温4 200～5 500℃，年累积辐射量为（5.0～5.2）×10^6kJ/m^2，无霜期为170～220d，年降水量平均为500～600mm。该区为一年两熟轮作制度，主要粮食作物为冬小麦、夏玉米。其中，冬小麦种植时间为9月下旬至10月上旬，返青时间为翌年2月下旬至3月上旬，拔节期为4月上旬至4月中旬，孕穗期为4月下旬，抽穗期为5月上旬，灌浆乳熟期为5月中旬至5月下旬，成熟期为6月上旬。2014年和2015年对衡水深州市7个典型样方的35个样点在冬小麦孕穗期、抽穗期和乳熟期进行实地调查。深州市内的采样点空间分布如图2-1所示。

2.2 主要研究方法

2.2.1 技术路线

本研究在利用地面实测作物冠层高光谱数据构建任意两个窄波段间植被指数（Narrow band vegetation index，N-VI）基础上，建立N-VI与冬小麦实测生物量间线性模型；绘制并分析N-VI与冬小麦实测生物量拟合精度（R^2）二维图；在此基础上，为保证所选波段中心能够找到最大波段宽度，且使得利

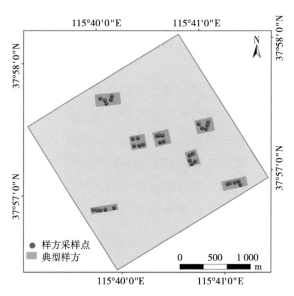

图2-1 研究区位置和调查样方分布

Fig. 2-1 Location of the study area and distribution of the survey samples

用所选波段宽度进行生物量估算更具稳定性和准确性，本研究通过确定R^2极大值区域和极大值区域重心，从而确定对冬小麦生物量敏感的波段中心；然后，将敏感波段中心作为起始点，以一定波段长度为步长，逐步扩大敏感波段的宽度，与此同时，将扩展后的波段宽度所对应的地面光谱进行均值处理，计算N-VI，并建立线性拟合模型。在此基础上，对波段扩展后N-VI的冬小麦生物量估算精度进行验证。当生物量估算误差NRMSE、RE在10%范围内时，继续扩展波段宽度；当波段扩展后的N-VI估测冬小麦鲜生物量误差不满足要求时（NRMSE、RE大于10%），即认为此时的波段宽度为允许最低精度要求下的最大波宽，即最优波段宽度；最后利用最优波段宽度进行生物量估测和精度验证。技术路线如图2-2所示。

2.2.2 植被指数确定

利用波段间不同组合方式构建的植被指数探测生物量往往比用单波段探测生物量有更好的灵敏性（田庆久和闵祥军，1998）。大量研究表明，与作物长势密切相关的作物生物量等遥感参量与作物植被指数间存在较强的相关性（冯美臣等，2010），为了更好地监测植被一系列的生物物理参量，科学家们构造了大量的植被指数来提高植被生物物理参量的监测精度。表2-1中列出了部分植被指数（田庆久和闵祥军，1998）。

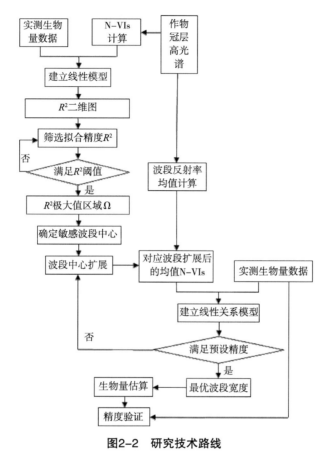

图2-2　研究技术路线

Fig. 2-2　Flowchart of the research

表2-1　植被指数表达式

Tab. 2-1　Expressions of vegetation index

名称	简写	公式	作者及年代
比值植被指数	RVI	$RVI = \rho_{NIR} / \rho_{Red}$	Pearson et al.（1972）
差值植被指数	DVI	$DVI = \rho_{NIR} - \rho_{Red}$	Richardson et al.（1977）
归一化植被指数	NDVI	$NDVI = (\rho_{NIR} - \rho_{Red})/(\rho_{NIR} + \rho_{Red})$	Rouse et al.（1974）

（续表）

名称	简写	公式	作者及年代
增强型植被指数	EVI	$EVI = \dfrac{\rho_{NIR} - \rho_{Red}}{\rho_{NIR} + C_1 \times \rho_{Red} - C_2 \cdot \rho_{Blue} + L}(1 + L)$	Liu&Huete（1995）
土壤调节植被指数	SAVI	$SAVI = \dfrac{\rho_{NIR} - \rho_{Red}}{\rho_{NIR} + \rho_{Red} + L}(1 + L)$	Huete（1988）
宽动态植被指数	WDRVI	$WDRVI = \dfrac{\alpha \times \rho_{NIR} - \rho_{Red}}{\alpha \times \rho_{NIR} + \rho_{Red}}$	Gitelson（2004）
垂直植被指数	PVI	$PVI = \dfrac{1}{\sqrt{M^2 + 1}}(\rho_{NIR} - M \times \rho_{Red} - I)$	Roujean&Breon（1995）

注：表中ρ_{NIR}、ρ_{Red}、ρ_{Blue}分别为近红外、红光和蓝光波段的反射率；L为植被冠层调节因子；M为土壤基线斜率；I为土壤基线的截距；C为大气修正参数；α为0.1～0.2范围内的权重因子，下同。

为了便于研究作物冠层高光谱数据构建的任意两个波段间植被指数（N-VI）与生物量的相关关系，本研究选取了计算最为简单且最为常用的归一化植被指数（NDVI）、比值植被指数（RVI）和差值植被指数（DVI）进行冬小麦生长期内作物生物量估算。具体计算公式见式（2-1）至式（2-3）。

$$NDVI = (\rho_{NIR} - \rho_{Red}) / (\rho_{NIR} + \rho_{Red}) \qquad (2-1)$$

$$RVI = \rho_{NIR} / \rho_{Red} \qquad (2-2)$$

$$DVI = \rho_{NIR} - \rho_{Red} \qquad (2-3)$$

当近红外波段光谱反射率和红光波段光谱反射率不限制在电磁波谱的近红外区域和红光区域，而是针对高光谱任意波段进行组合时（庄东英等，2013），可用窄波段植被指数（N-VI）表示，具体见式（2-4）至式（2-6）。

$$NDVI_{ij} = (\rho_i - \rho_j) / (\rho_i + \rho_j) \qquad (2-4)$$

$$DVI_{ij} = \rho_i - \rho_j \qquad (2-5)$$

$$RVI_{ij} = \rho_i / \rho_j \qquad (2-6)$$

　　式中，i、j分别为高光谱波段，ρ_i和ρ_j分别为i、j波长所对应的光谱反射率。考虑到作物冠层光谱在1 350～1 415nm和1 800～1 950nm受大气和水蒸气影响较大（Psomas et al.，2011），且本试验主要针对可见光—近红外波段范围进行研究，因此试验中选用350～1 000nm光谱波段范围（含650个波段）进行敏感波段和最佳波宽筛选及冬小麦地上生物量估算研究。

2.2.3　N-VI与冬小麦地上生物量相关性分析

　　在研究地面作物冠层高光谱构建的N-VI指数与冬小麦地上生物量间相关关系基础上，建立N-VI与冬小麦生物量间的拟合R^2二维图。在此基础上，以表征拟合精度和拟合优劣的决定系数（R^2）为衡量指标，确定对生物量估算相关性高的波段区域，为冬小麦生物量估算波段正确选取和波段设置提供依据。

　　其中，利用350～1 000nm波长范围内的地面作物冠层高光谱数据任意两波段构建的N-VI分别与地面实测生物量进行线性拟合，拟合方程形式如式（2-7）所示。据式（2-8）计算该回归方程拟合地面生物量与实测地面生物量的拟合精度（R^2）。

$$y = ax + b \tag{2-7}$$

　　式中，x为N-VI，y为冬小麦地上生物量（kg/hm^2），a为一次项系数，b为常数项。

$$R^2 = \left(\frac{\sum\limits_{i=n}^{n}\left(o_i - \overline{o}\right)\left(x_i - \overline{x}\right)}{\sqrt{\sum\limits_{i=1}^{n}\left(o_i - \overline{o}\right)^2 \sum\limits_{i=1}^{n}\left(x_i - \overline{x}\right)^2}} \right)^2 \tag{2-8}$$

　　式中，o_i为实测地面生物量，x_i为对应N-VI，$\overline{o}$、$\overline{x}$分别为o_i、x_i的均值，下同。R^2值越接近于1，说明冬小麦地上生物量与N-VI间线性关系拟合效果越好，拟合精度越高，且R^2越大说明所选波段对冬小麦地上生物量越敏感。

2.2.4　敏感波段中心与最优波段宽度确定

　　作物高光谱敏感波段和最优波段宽度对作物生物量准确估算和遥感传感器波段设置具有一定意义。其中，最优波段宽度可准确反映敏感波段适用范围。在确定敏感波段中心基础上，最优波段宽度是在满足精度要求下，通过逐步扩大波段宽度范围而获得。由于在 N-VI 与地上生物量间的 R^2 二维图中，R^2 极大值区域并不是均匀分布的，且 R^2 极大值点与 R^2 极大值区域重心不一定重合，导致 R^2 极大值点对应波段不一定与最优波段中心重合。因此，为保证所选波段中心能够找到最大波段宽度，且使所选波段宽度进行生物量估算的结果更具稳定性和准确性，研究中通过确定 R^2 极大值区域重心获得敏感波段中心。

首先，在绘制 N-VI 与冬小麦生物量间的拟合 R^2 二维图基础上，确定 N-VI 对生物量估算相关性高的波段区域；其次，在该区域内寻找 R^2 极大值点，并遍历该点 8 邻域内满足显著性要求的所有点，将这些点的集合标记为 R^2 极大值区域 Ω；然后，通过计算 R^2 极大值点区域的重心作为每个 R^2 极大值点区域的敏感波段中心。具体重心计算如式（2-9）所示。

$$
\begin{cases}
\bar{u} = \dfrac{\sum\limits_{(u,v)\in\Omega} u f(u,v)}{\sum\limits_{(u,v)\in\Omega} f(u,v)} \\[4mm]
\bar{v} = \dfrac{\sum\limits_{(u,v)\in\Omega} v f(u,v)}{\sum\limits_{(u,v)\in\Omega} f(u,v)}
\end{cases}
\tag{2-9}
$$

式中，$f(u,v)$ 为波段坐标为 (u, v) 的 R^2 值，Ω 为极大值区域，$(\bar{u}, \bar{v})$ 分别为敏感波段中心坐标。最后，确定敏感波段宽度，即以敏感波段中心为起始点，以光谱仪最小分辨率 1nm 为步长（当波段宽度扩展至 50nm 以上时，最小步长变为 3nm），逐步向中心点 8 邻域扩展，并以一部分样本（本研究中为 30 个）数据建立 N-VI 与实测地上生物量间拟合模型，预留的其他数据（本研究为 12 个）对拟合模型进行验证，验证精度指标为归一化均方根误差（NRMSE）、相对误差（RE）和决定系数（R^2）。当 NRMSE、RE 达到允许误差最大值 10% 时所对应的波段宽度，即为敏感波段最优宽度。具体波段扩展及其误差计算等示意过程如图 2-3 所示。

在确定了基于 N-VI 的最优波段宽度后，以最优波段宽度内反射率均值构建 N-VI 进行冬小麦生物量估算，优选估算精度高的敏感波段中心及其最优波段宽度。

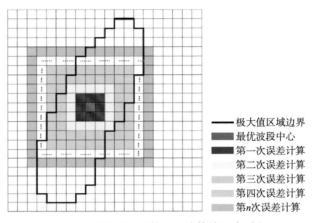

　　极大值区域边界
　　最优波段中心
　　第一次误差计算
　　第二次误差计算
　　第三次误差计算
　　第四次误差计算
　　第n次误差计算

图2-3　波段扩展及其误差计算的示意过程

Fig. 2-3　Illustration of band spread and error calculation

2.2.5　精度验证

　　除了常用表征模型精度的决定系数（R^2）外，本研究中模型结果验证精度评价指标还包括归一化均方根误差（Normalized root mean square error，NRMSE）和相对误差（Relative error，RE），如式（2-10）和式（2-11）所示。

$$\mathrm{NRMSE}(\%) = \frac{\sqrt{\dfrac{\sum\limits_{i=1}^{n}(p_i - o_i)^2}{n}}}{\bar{o}} \times 100 \qquad (2\text{-}10)$$

$$\mathrm{RE}(\%) = \frac{|p_i - o_i|}{o_i} \times 100 \qquad (2\text{-}11)$$

　　式中，p_i为通过最优波段宽度拟合的地面生物量，o_i为实测地面生物量，n为样本量。

　　其中，当NRMSE和RE小于10%时，判断模拟结果精度为极好，NRMSE和RE大于10%小于20%时模拟结果为好，NRMSE和RE大于20%小于30%时模拟结果为中等，NRMSE和RE大于30%时模拟结果为差（Rinaldi et al.，2003；石晓燕等，2009；姜志伟，2012），判断标准优先考虑NRMSE值大小。上述模型验证精度标准可为本研究开展作物生物量估算敏感波段筛选、波段宽度确定、作物生物量估算评价等研究提供判断依据。本研究中，2014年、2015年共获得42个样方地上生物量和冬小麦冠层高光谱数据。其中，30个样方数据用于模型建立，12个样方数据用于精度验证。

2.3 数据获取与准备

本研究所用数据主要包括地面样方数据的采集与处理，如冬小麦关键生育期干生物量、鲜生物量地面实测数据，冬小麦关键生育期冠层高光谱数据、GPS定位信息等。

2.3.1 样方布设与地面观测

地面数据主要包括衡水深州市典型样方数据，该数据采集主要包括冬小麦地上鲜生物量、冬小麦冠层高光谱和GPS定位信息。其中，本研究在2014年和2015年共进行6次地面样方数据采集，具体分布如图2-1所示。地面样方选择过程中，不仅考虑了小麦样方在区域内分布的均匀性，而且考虑了小麦长势和品种的代表性。具体地面样方调查时间分别为2014年4月23日（孕穗期）、5月9日（抽穗期）、5月28日（乳熟期）和2015年4月14日（拔节期）、5月7日（抽穗期）、5月27日（乳熟期）进行。研究区内共7个样方，每个样方面积不小于500m×500m，在样方内均匀布置5个采样点，每个采样点样框大小为50cm×50cm，在每个样点分别进行冬小麦地上鲜生物量和冠层高光谱采集。为了准确获得每个地面样方的地上鲜生物量和冠层光谱数据，本研究将5个样点的鲜生物量和冠层光谱信息分别进行平均处理，从而获得更加准确的样方观测数据，进而提高参与建模和模型验证的样方数据质量。最终，本研究2014年、2015年共获得42个样方地上鲜生物量和冬小麦冠层高光谱数据。其中，30个样方数据用于模型建立，12个样方数据用于精度验证。

2.3.2 冬小麦实测地上生物量获取

在冬小麦关键生育期地上鲜生物量实地调查过程中，首先利用手持GPS仪对采样点进行准确定位，记录其经纬度信息；然后，分别收割样点中50cm×

50cm采样框内冬小麦地上部分，装入保鲜袋，在实验室中对采样点冬小麦鲜生物量质量进行称量并记录，然后对冬小麦植株105℃杀青0.5h，并在80℃烘干至恒重（前后两次质量差≤5%），称得植株地上部干生物量。在此基础上计算采样点单位面积冬小麦生物量（kg/hm²），具体如图2-4所示。

2.3.3　冬小麦冠层高光谱测量

冬小麦冠层光谱利用美国ASD FieldSpec Pro 2500光谱仪进行采集，该光谱仪波长采集范围为350～2 500nm。其中，在350～1 000nm波长内采样间隔为1.4nm（重采样后间隔为1nm），在1 000～2 500nm波长内采样间隔为2nm。作物冠层光谱采集选择在当地时间10：00—14：00且天气良好、阳光照射充足条件下进行。光谱测量过程中，首先将探头垂直对准参考板进行优化，然后开始冬小麦冠层光谱的采集。光谱采集时，注意保证探头垂直向下，探头距离冠层高度约1.2m，探头视场角为25°。其中，每个采样点测量10条高光谱，具体如图2-4所示。

（a）冠层高光谱测量　　　　　　　　　　（b）地上鲜生物量取样

图2-4　冬小麦地面样方观测与数据采集

Fig. 2-4　Field observation and data collection of winter wheat

高光谱数据的预处理主要包括光谱平均及光谱平滑。其中，光谱数据均值处理利用ViewSpecPro软件进行，其平均值作为相应采样点的反射光谱值。光谱平滑主要利用ENVI Classic软件中smooth（s1，5）函数9点加权移动平均法。最终，得到观测样方地面高光谱反射率数据，如图2-5所示部分冠层光谱。

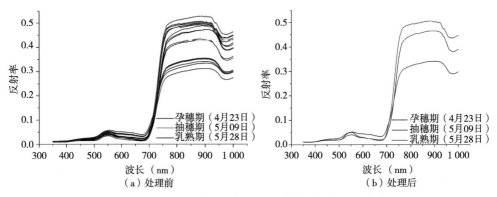

图2-5　作物冠层高光谱数据处理前后对比（2014年）

Fig. 2-5　The comparison of crop canopy hyperspectral data between processed data and original data（2014）

2.4　结果与分析

2.4.1　基于N-NDVI敏感波段最优波宽的生物量估算

2.4.1.1　N-NDVI计算

研究中，在对样方采集的作物冠层高光谱数据光谱平均及光谱平滑等预处理基础上，利用Matlab2011a软件，根据式（2-4）计算并绘制任意两波段组合的窄波段归一化植被指数，获得冬小麦N-NDVI分布图，这为研究冬小麦生物量与N-NDVI间相关关系、敏感波段和最优波段宽度筛选奠定基础。其中，在350～1 000nm高光谱范围内任意两波段间组合及相关N-NDVI值共有650个×650个。图2-6所示的3幅N-NDVI分布图仅为一个代表性的冬小麦观测样方孕穗期、抽穗期和乳熟期等不同生育期N-NDVI计算结果。其中，横坐标（λ_1）、纵坐标（λ_2）均为作物冠层高光谱波长，波长范围为350～1 000nm，横、纵轴构成二维空间所对应的点为任意两波段λ_1、λ_2所对应的反射率计算的N-NDVI值，并根据N-NDVI值大小赋予不同颜色。

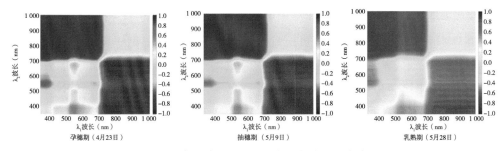

图2-6　冬小麦N-NDVI二维分布（2014年）

Fig. 2-6　Two dimensional distribution of N-NDVI of winter wheat（2014）

由图2-6可知，N-NDVI红色区域为正值，蓝色部分为负值，且N-NDVI绝对值以（350，350）、（1 000，1 000）两点间连线为轴呈轴对称分布，因此，在分析时只需研究对称轴一侧N-NDVI即可。以对称轴上侧为例，横轴680～1 000nm范围、纵轴350～720nm范围内N-NDVI值明显较大，在此区间内，孕穗期N-NDVI范围为0.45～0.93，平均N-NDVI为0.87；抽穗期N-NDVI范围为0.56～0.94，平均N-NDVI为0.89；乳熟期N-NDVI范围为0.4～0.76，平均N-NDVI为0.74，上述结果符合冬小麦不同生育期内NDVI与冠层光谱的变化规律（王磊，2012）。在横轴520～580nm范围内、纵轴350～510nm范围内，N-NDVI变化较为明显，孕穗期N-NDVI范围为0.37～0.65，平均N-NDVI为0.4；抽穗期N-NDVI范围为0.35～0.6，平均N-NDVI为0.39；乳熟期N-NDVI范围为0.25～0.58，平均N-NDVI为0.39，并且在此区域，N-NDVI所对应的波段宽度有扩大的趋势。在横轴640～700nm范围、纵轴520～570nm范围内，N-NDVI变化最为明显，孕穗期N-NDVI范围为-0.45～-0.3，平均N-NDVI为-0.32；抽穗期N-NDVI范围为-0.44～-0.3，平均N-NDVI为-0.31；乳熟期N-NDVI范围为-0.16～-0.06，平均N-NDVI为-0.07。

2.4.1.2　N-NDVI与冬小麦鲜生物量相关性分析结果

在建立地面实测作物生物量与作物N-NDVI间线性模型基础上，通过N-NDVI与作物鲜生物量间拟合精度（R^2）开展冬小麦地上鲜生物量与作物光谱间相关性分析研究，为敏感波段筛选提供依据。研究中，将650个×650个N-NDVI数据分别与30个地面实测生物量数据建立线性模型，并输出每个N-NDVI拟合鲜生物量的拟合精度（R^2），如图2-7所示。

图2-7中，横、纵坐标为作物冠层高光谱波长且波长范围为350～1 000nm，N-NDVI与冬小麦鲜生物量间拟合R^2二维图内任意点即为该点对应的横轴（λ_1）、纵轴（λ_2）两个波段反射率构建的N-NDVI与生物量间拟合精度（R^2）。从图2-7可以看出，作物冠层高光谱任意两波段组合构建的N-NDVI与冬小麦鲜生物量间拟合精度（R^2）分布以（350，350）、（1 000，1 000）两点对角线为轴对称分布，从R^2二维分布区域可以得到N-NDVI对冬小麦鲜生物量相关性较大的区域及相关波段信息。其中，R^2在0.70以上波段区域有3个，即λ_1（500～600nm）/λ_2（690～710nm）、λ_1（730～900nm）/λ_2（720～750nm）、λ_1（720～750nm）/λ_2（950～1 000nm）二维区域；R^2在0.65以上的波段区域有2个，即λ_1（380～420nm）/λ_2（580～700nm）、λ_1（540～580nm）/λ_2（780～900nm）二维区域。

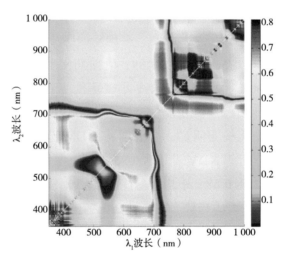

图2-7 N-NDVI与冬小麦鲜生物量间拟合R^2二维分布

Fig. 2-7 Two dimensional map of R^2 values for N-NDVI versus fresh winter wheat biomass

（1）N-NDVI估算鲜生物量高光谱敏感波段中心确定和最优波段宽度筛选。研究中，首先在N-NDVI与冬小麦鲜生物量间拟合R^2二维图内确定R^2极大值区域，然后，通过计算R^2极大值区域重心确定高光谱估测生物量敏感波段中心。在此基础上，以敏感波段中心为起点，以一定步长逐步扩大波段宽度并计算每次扩大后相应波段的N-NDVI，同时建立相应N-NDVI与冬小麦地上鲜生物量关系模型，并利用建模数据对所建模型进行回代精度验证。最终，当波段扩展至相应N-NDVI估算生物量超过允许的最大误差范围（NRMSE≤10%、RE≤10%）时，此时的波段宽度即为最优波段宽度。

依据章节2.2.5中的判别标准，本研究在图2-7中寻找$R^2>0.214$的极大值点，并遍历该点8邻域内$R^2>0.214$的所有点，将这些点的集合标记为极大值区域Ω，并以$R^2=0.05$（Thenkabail et al., 2000）为梯度显示R^2分布区域。为了更直观地显示波段敏感区域，这里显示了$R^2>0.45$的结果，如图2-8所示。为了提高所选敏感波段估算作物鲜生物量的精度，同时为了减少研究的工作量，本研究选择了符合$R^2\geqslant0.65$的R^2二维区域进行相关敏感波段和波段宽度优选研究。图2-8中A～E为满足$R^2\geqslant0.65$的R^2极大值区域Ω。

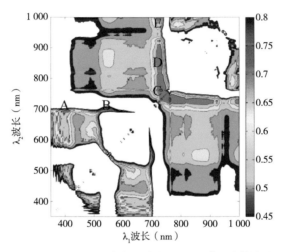

图2-8　N-NDVI拟合冬小麦鲜生物量R^2二维等值线

Fig. 2-8　R^2 contour map showing relationship between N-NDVI and fresh winter wheat biomass

考虑到敏感波段极值点并不一定是该敏感区域的中心，因此本研究将敏感区域的重心作为敏感波段中心。通过式（2-9）计算每一个R^2极大值区域Ω的重心，A～E重心所对应的波段组合分别为401nm/692nm、579nm/698nm、732nm/773nm、725nm/860nm、727nm/977nm；然后，在波段中心两侧同时以1nm为步长扩大波宽，同时计算对应波长范围内的N-NDVI均值并与冬小麦地上鲜生物量进行拟合，并利用建模数据对相应生物量估算模型进行回代精度验证，最终得到不同波段中心及相关波段扩展下的作物生物量估算误差（如NRMSE、RE、R^2等）随波长增加的变化曲线，具体结果如图2-9所示。

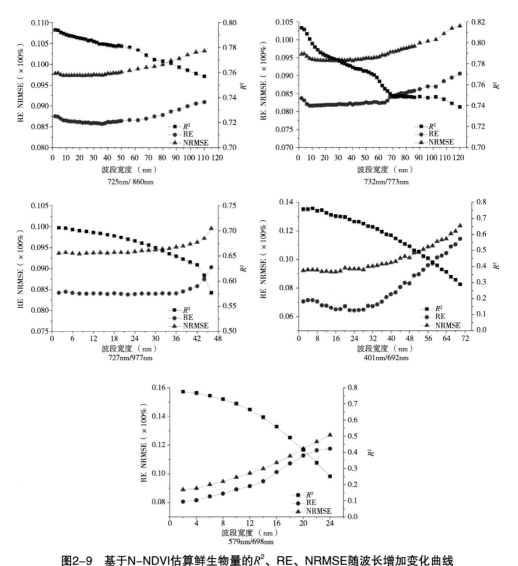

图2-9 基于N-NDVI估算鲜生物量的R^2、RE、NRMSE随波长增加变化曲线

Fig. 2-9 Curves of R^2, RE and NRMSE with the increase of wavelength based on estimated fresh biomass by N-NDVI

由图2-9可知，本研究筛选的5个敏感波段中心随着波段宽度的逐步增加，相关N-NDVI与冬小麦鲜生物量间统计模型的拟合精度（R^2）呈现下降的趋势，相对误差（RE）和归一化均方根误差（NRMSE）则呈现上升的趋势，这主要是因为敏感波段中心对应的N-NDVI与冬小麦鲜生物量呈现最好的相关关系，随着波段逐步扩展，扩展波段对应的N-NDVI与冬小麦鲜生物量相关关系将逐步减弱，因此，相关生物量估算模型的误差也逐步增加，但总体来看误差变化相对较小。当RE、NRMSE变化在10%以内时，$\Delta R^2<0.1$（Δ表示变化量，下同）；在波段扩展过程中，$\Delta RE<0.06$，$\Delta NRMSE<0.03$，这在一定程度上说明所选敏感波段中心及其波段宽度对生物量估算具有一定稳定性。

根据前述的最优波段宽度确定标准，当生物量估算模型的相对误差（RE）和归一化均方根误差（NRMSE）达到允许最大误差值（10%）时，本研究确定了各敏感波段中心最优波段宽度，具体结果如图2-9所示。可以看出，对生物量估算敏感的不同波段中心对应最优波段宽度是不完全相同的，最优波段宽度变化范围在10~102nm。针对波段宽度比较大的波段中心，在前50nm以±1nm为步长逐步扩大波宽，50nm以后以±3nm为步长逐步扩大波宽。其中，725nm/860nm、732nm/773nm等敏感波段中心对应的最优波段较宽，最优波段宽度分别为±40nm和±51nm；401nm/692nm、579nm/698nm和727nm/977nm等敏感波段中心对应的最优波段宽度较窄，最优波段宽度分别为±21nm、±5nm和±23nm。从5个筛选的敏感波段中心波段扩展过程中生物量估算模型精度验证指标变化曲线看，725nm/860nm、732nm/773nm、401nm/692nm、579nm/698nm、727nm/977nm等波段生物量估算误差均在允许最大误差10%以内。

（2）基于N-NDVI最优波段宽度估算冬小麦鲜生物量精度验证。经过最优波段宽度筛选，本研究最终确定了401nm/692nm、579nm/698nm、732nm/773nm、725nm/860nm、727nm/977nm 5个波段中心，对应的波段宽度分别为±21nm、±5nm、±51nm、±40nm和±23nm。在此基础上，将最优波段宽度内反射率平均值构建的N-NDVI与冬小麦实测鲜生物量数据建立统计模型，并利用预留的实测生物量样本数据对生物量估算模型进行精度验证，具体结果如图2-10和表2-2所示。可以看出，5个最优波段拟合生物量在$P<0.01$水平上均达到极显著水平。其中，冬小麦鲜生物量估算效果最好的波段中心是732nm/773nm，在±51nm的波段宽度内，R^2达到了0.798 0，RE、NRMSE分别为8.15%、8.82%；冬小麦鲜生物量估算精度与其相近的波段中心是725nm/860nm，在±40nm的波段宽度内，R^2为0.764 2，RE为8.21%，NRMSE为8.69%；冬小麦鲜生物量估算效果相对较差的波段中心为401nm/692nm，R^2为0.665 6，RE、NRMSE分别为9.14%、9.62%。

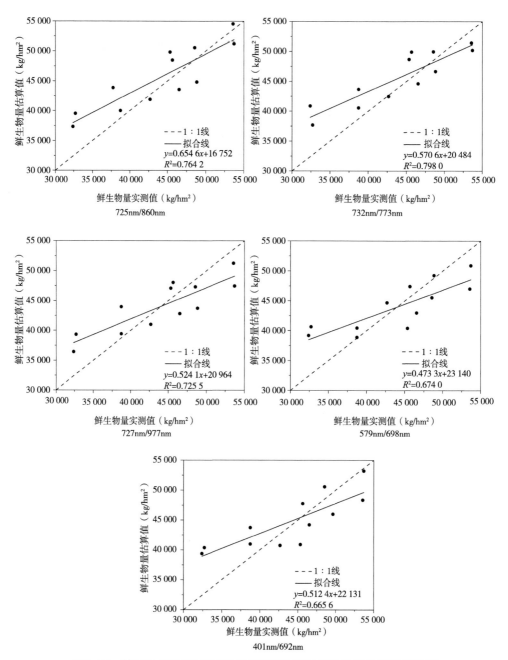

图2-10 基于N-NDVI敏感波段最优波段宽度的鲜生物量估算结果验证

Fig. 2-10 Validation results of estimated fresh biomass based on N-NDVI optimal band width of sensitive band

表2-2　基于N-NDVI波段最优宽度及其估算鲜生物量精度

Tab. 2-2　Optimal band width based on N-NDVI and its accuracy of estimated fresh biomass

波段中心（nm）		波段最优宽度（nm）	N-NDVI拟合鲜生物量方程（kg/hm²）	鲜生物量估算精度验证		
λ_1	λ_2			R^2	RE（%）	NRMSE（%）
725	860	±40	$y=164\,280x-17\,368$	0.764 2**	8.21	8.69
732	773	±51	$y=312\,676x-22\,886$	0.798 0**	8.15	8.82
727	977	±23	$y=133\,529x+95.48$	0.725 5**	8.15	8.93
579	698	±5	$y=76\,542-321\,709x$	0.674 0**	8.46	9.65
401	692	±21	$y=96\,055-96\,508x$	0.665 6**	9.14	9.62

　　注：拟合方程中x为波段λ_1、λ_2在最优波段宽度内反射率均值构建的N-NDVI，y为拟合冬小麦鲜生物量（单位：kg/hm²）；"**"表示在$P<0.01$水平显著相关，下同。

2.4.1.3　N-NDVI与冬小麦干生物量相关性分析结果

　　参照章节2.4.1.2的技术流程，通过N-NDVI与冬小麦干生物量间拟合精度（R^2）开展冬小麦地上干生物量与作物光谱间相关性分析研究，输出每个N-NDVI拟合干生物量的拟合精度（R^2），如图2-11所示。

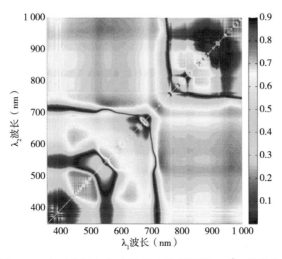

图2-11　N-NDVI与冬小麦干生物量间拟合R^2二维分布

Fig. 2-11　Two dimensional map of R^2 values for N-NDVI versus dry winter wheat biomass

图2-11与图2-7的坐标轴意义以及对称轴坐标相同，N-NDVI与冬小麦干生物量间拟合R^2二维图内任意点即为该点对应的横轴、纵轴两个波段反射率构建的N-NDVI与干生物量间拟合精度（R^2）。从图2-11可以看出，λ_1（350～500nm）/λ_2（750～900nm）和λ_1（650～720nm）/λ_2（720～910nm）两个区域$R^2 \geqslant 0.65$；λ_1（450～520nm）/λ_2（430～500nm）、λ_1（500～680nm）/λ_2（730～920nm）和λ_1（700～750nm）/λ_2（900～1 000nm）3个区域$R^2 \geqslant 0.70$；λ_1（500～620nm）/λ_2（920～1 000nm）、λ_1（520～620nm）/λ_2（710～740nm）和λ_1（700～730nm）/λ_2（710～740nm）3个区域$R^2 \geqslant 0.75$。

（1）N-NDVI估算干生物量高光谱敏感波段中心确定和最优波段宽度筛选。为了更直观地显示与生物量敏感的R^2区域同时提高生物量估算精度，选取了$R^2 \geqslant 0.65$的区域进行敏感波段和波段宽度优选研究。图2-12中以$R^2=0.05$为梯度展示了$R^2 \geqslant 0.45$的区域，其中A～H为满足$R^2 \geqslant 0.65$的R^2极大值区域Ω。

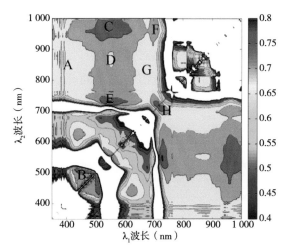

图2-12　N-NDVI拟合冬小麦干生物量R^2二维等值线

Fig. 2-12　R^2 contour map showing relationship between N-NDVI and dry winter wheat biomass

确定N-NDVI与干生物量敏感区域后，分别计算敏感区域Ω的重心作为敏感波段中心。通过式（2-9）计算得到，A～H的重心分别为387nm/840nm、465nm/500nm、527nm/963nm、543nm/859nm、538nm/729nm、701nm/962nm、699nm/829nm和717nm/718nm；然后，在波段中心两侧同时以

1nm为步长扩大波宽，同时计算对应波长范围内的N-NDVI均值并与冬小麦地上干生物量进行拟合，并利用建模数据对相应生物量估算模型进行回代精度验证，最终得到不同波段中心及相关波段扩展下的作物生物量估算误差（如NRMSE、RE、R^2等）随波长增加的变化曲线。具体结果如图2-13所示。

由图2-13可知，本研究筛选的8个敏感波段中心随着波段宽度的逐步增加，相关N-NDVI与冬小麦干生物量间统计模型的拟合精度（R^2）呈现下降的趋势，相对误差（RE）和归一化均方根误差（NRMSE）则呈现上升的趋势，这主要是因为敏感波段中心对应的N-NDVI与冬小麦干生物量呈现较好的相关关系，随着波段逐步扩展，扩展波段对应的N-NDVI与冬小麦鲜生物量相关关系将逐步减弱，因此，相关生物量估算模型的误差也逐步增加，但总体来看误差变化相对较小。当RE、NRMSE变化在10%以内时，$\Delta R^2 < 0.04$；在波段扩展过程中，$\Delta RE < 0.03$，$\Delta NRMSE < 0.05$，这在一定程度上说明所选敏感波段中心及其波段宽度对生物量估算具有一定稳定性。

根据前述的最优波段宽度确定标准，当生物量估算模型的相对误差（RE）和归一化均方根误差（NRMSE）达到允许最大误差值（10%）时，本研究确定了各敏感波段中心最优波段宽度，最优波段宽度变化范围在24～62nm。针对波段宽度比较大的波段中心，在前50nm以±1nm为步长逐步扩大波宽，50nm以后以±3nm为步长逐步扩大波宽。其中，527nm/963nm、717nm/718nm和387nm/840nm波段宽度相对较宽，最优波段宽度分别为±31nm、±28nm和±28nm；699nm/829nm、538nm/729nm和543nm/859nm波段中心的波段宽度分别为±20nm、±21nm和±23nm；465nm/500nm和701nm/962nm两个波段中心的波段宽度相对较窄，分别为±12nm和±15nm。

从变化曲线看，387nm/840nm、465nm/500nm、527nm/963nm、538nm/729nm、543nm/859nm、699nm/829nm和701nm/962nm 7个波段中心曲线变化比较平缓，说明在最优波段宽度内，N-NDVI估算冬小麦干生物量的精度有一定稳定性；717nm/718nm波段在波段宽度增加过程中，曲线波动变化相对较大，但在最优波段宽度内仍然保持了较高的生物量估算精度，说明利用该波段最优波宽估算生物量的稳定性要优于单一波段组合。

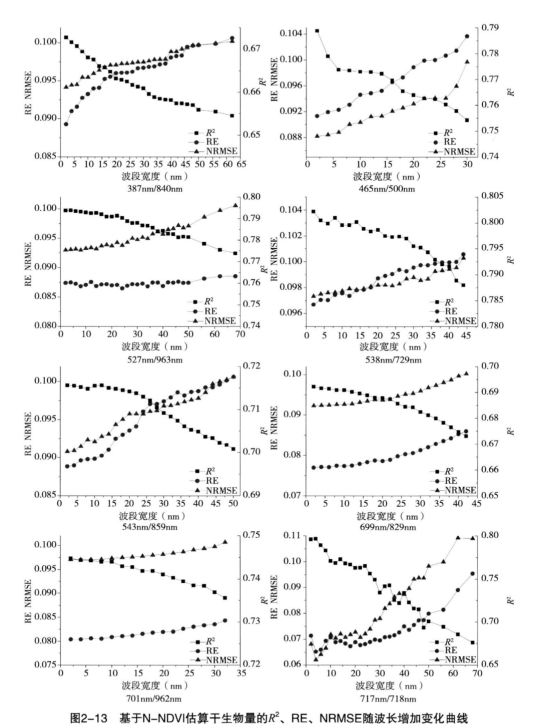

图2-13　基于N-NDVI估算干生物量的R^2、RE、NRMSE随波长增加变化曲线

Fig. 2-13　Curves of R^2, RE and NRMSE with the increase of wavelength based on estimated dry biomass by N-NDVI

（2）基于N-NDVI最优波段宽度估算冬小麦干生物量精度验证。经过最优波段宽度筛选，最终确定了敏感波段中心及其对应的最优波段宽度。在此基础上，将最优波段宽度内反射率平均值构建的N-NDVI与冬小麦实测干生物量数据建立统计模型，并利用预留的实测生物量样本数据对生物量估算模型进行精度验证，具体结果如表2-3和图2-14所示。可以看出，8个最优波段宽度拟合生物量在$P<0.01$水平上均达到了极显著水平。其中，465nm/500nm波段中心对冬小麦干生物量的估算效果相对最好，在±12nm波段宽度内R^2达到了0.718 2，RE、NRMSE分别为10.00%、9.41%；527nm/963nm、538nm/729nm、543nm/859nm、699nm/829nm、701nm/962nm和717nm/718mm6个波段中心在估算精度上并没有明显差别，最优波段宽度内，R^2变化在0.673 5~0.715 2，NRMSE均在10%以内且ΔNRMSE$\leq$0.59%，RE在8.14%~10%；387nm/840nm估算精度相对较差，在±28nm波段宽度内R^2为0.644 8，RE、NRMSE分别为9.98%和9.99%。

表2-3 基于N-NDVI波段最优宽度及其估算干生物量精度

Tab. 2-3 Optimal band width based on N-NDVI and its accuracy of estimated dry biomass

波段中心（nm）		波段最优宽度（nm）	N-NDVI拟合干生物量方程（kg/hm²）	干生物量估算精度验证		
λ_1	λ_2			R^2	RE（%）	NRMSE（%）
387	840	±28	$y=-164\,896x+65\,739$	0.644 8**	9.98	9.99
465	500	±12	$y=142\,448x+4\,661.6$	0.718 2**	10.00	9.41
527	963	±31	$y=-59\,073x+59\,406$	0.715 2**	8.85	9.98
538	729	±21	$y=-53\,870x+45\,318$	0.713 5**	10.00	9.95
543	859	±23	$y=-51\,419x+52\,572$	0.673 5**	9.96	10.00
699	829	±20	$y=-33\,287x+36\,096$	0.705 8**	8.59	9.96
701	962	±15	$y=-34\,633x+36\,167$	0.696 6**	8.33	9.98
717	718	±28	$y=-877\,217x+27\,102$	0.683 6**	8.14	9.99

注：拟合方程中x为波段λ_1、λ_2在最优波段宽度内反射率均值构建的N-NDVI，y为拟合冬小麦干生物量（单位：kg/hm²）。

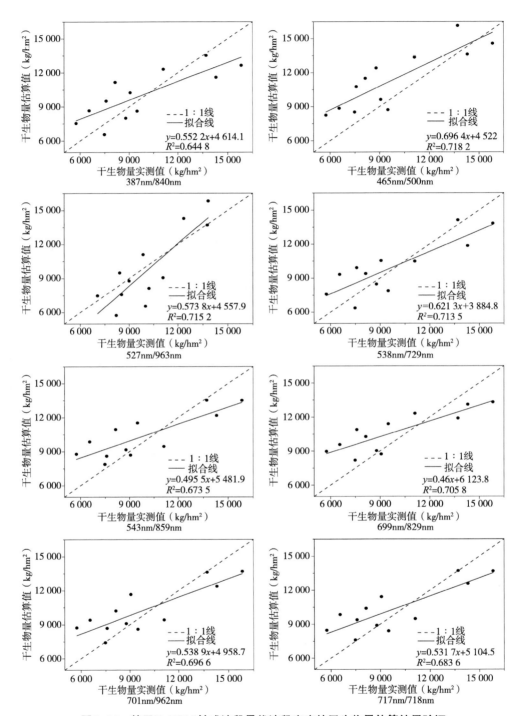

图2-14　基于N-NDVI敏感波段最优波段宽度的干生物量估算结果验证

Fig. 2-14　Validation results of estimated dry biomass based on N-NDVI optimal band width of sensitive band

2.4.2   基于N-DVI敏感波段最优波宽的生物量估算

2.4.2.1   N-DVI计算

根据式（2-5），在冬小麦关键生育期的孕穗期、抽穗期和乳熟期分别计算任意两波段组合的窄波段差值植被指数并绘制N-DVI二维分布，如图2-15所示。其中，横坐标（λ_1）、纵坐标（λ_2）均为作物冠层高光谱波长，波长范围为350~1 000nm，横、纵轴构成二维空间所对应的点为任意两波段λ_1、λ_2所对应的反射率计算的N-DVI值，并根据N-DVI值大小赋予不同颜色。

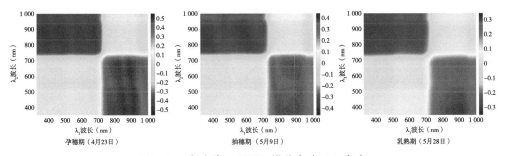

图2-15   冬小麦N-DVI二维分布（2014年）

Fig. 2-15   Two dimensional distribution of N-DVI of winter wheat（2014）

由图2-15可知，N-DVI红色区域为正值，蓝色部分为负值，且N-DVI绝对值以（350，350）、（1 000，1 000）两点间连线为轴呈轴对称分布，因此，在分析时只需研究对称轴一侧N-DVI即可。以对称轴上侧为例，横轴720~1 000nm范围、纵轴350~750nm范围内N-DVI值明显较大，在此区间内，孕穗期N-DVI范围为0.13~0.52，平均N-DVI为0.51；抽穗期N-DVI范围为0.09~0.41，平均N-DVI为0.38；乳熟期N-DVI范围为0.07~0.27，平均N-DVI为0.24。在横轴760~930nm范围、纵轴830~1 000nm范围内，N-DVI变化相对微弱，孕穗期N-DVI范围为0.04~0.08，平均N-DVI为0.06；抽穗期N-DVI范围为0.04~0.07，平均N-DVI为0.05；乳熟期N-DVI范围为0.01~0.03，平均N-DVI为0.02。

2.4.2.2   N-DVI与冬小麦鲜生物量相关性分析结果

通过N-DVI与冬小麦鲜生物量相关性分析得到与冬小麦鲜生物量敏感性高的波段组合，进而开展基于N-DVI指数的敏感波段最优波宽筛选。研究中，将任意两波段构建的N-DVI分别与冬小麦鲜生物量建立线性模型，并输出每个N-DVI拟合鲜生物量的拟合精度（R^2），如图2-16所示。

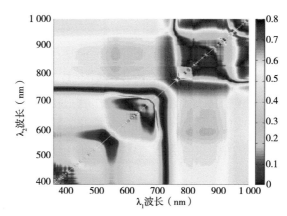

图2-16　N-DVI与冬小麦鲜生物量间拟合R^2二维分布

Fig. 2-16　Two dimensional map of R^2 values for N-DVI versus fresh winter wheat biomass

图2-16的中横、纵坐标为作物冠层高光谱波长且波长范围为350～1 000nm，N-DVI与冬小麦鲜生物量间拟合R^2二维图内任意点即为该点对应的λ_1、λ_2两个波段反射率构建的N-DVI与生物量间拟合精度（R^2）。由于N-DVI与N-NDVI在计算公式上的相似性，使得N-DVI二维分布与N-NDVI具有一致性，即作物冠层高光谱任意两波段组合构建的N-DVI与冬小麦鲜生物量间拟合精度（R^2）分布以（350，350）、（1 000，1 000）两点对角线为轴对称分布。从数值上看，R^2在0.60以上波段区域有1个，即λ_1（750～930nm）/λ_2（540～680nm）二维区域；R^2在0.70以上的波段区域有2个，即λ_1（730～920nm）/λ_2（710～760nm）和λ_1（960～1 000nm）/λ_2（770～930nm）二维区域。

（1）N-DVI估算鲜生物量高光谱敏感波段中心确定和最优波段宽度筛选。由于N-DVI分布具有明显的区域性，本研究为了便于更直观地显示N-DVI分布的范围，以R^2=0.05为梯度显示了$R^2 \geqslant 0.45$的区域，如图2-17所示。其中，A～C为满足$R^2 \geqslant 0.60$的R^2极大值区域Ω。

确定N-DVI与鲜生物量敏感区域后，分别计算敏感区域Ω的重心作为敏感波段中心。通过重心公式计算得到A～C的重心分别为818nm/614nm、821nm/734nm和986nm/844nm；然后，在波段中心两侧同时以1nm为步长扩大波宽，同时计算对应波长范围内的N-DVI均值并与冬小麦地上鲜生物量进行拟合，并利用建模数据对相应生物量估算模型进行回代精度验证，最终得到不同

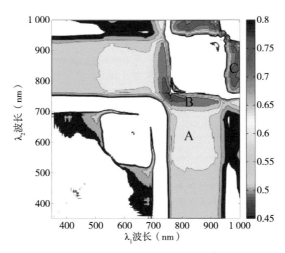

图2-17　N-DVI拟合冬小麦鲜生物量R^2二维等值线

Fig. 2-17　R^2 contour map showing relationship between N-DVI and fresh winter wheat biomass

波段中心及相关波段扩展下的作物生物量估算误差（如NRMSE、RE、R^2等）随波长增加的变化曲线，具体结果如图2-18所示。

　　由图2-18可知，本研究筛选的3个敏感波段中心随着波段宽度的逐步增加，N-DVI与冬小麦鲜生物量间统计模型的拟合精度（R^2）呈现下降的趋势，相对误差（RE）和归一化均方根误差（NRMSE）则呈现上升的趋势，这主要是因为敏感波段中心对应的N-DVI与冬小麦干生物量呈现最好的相关关系，随着波段逐步扩展，扩展波段对应的N-DVI与冬小麦鲜生物量相关关系将逐步减弱，因此，相关生物量估算模型的误差也逐步增加，但总体来看误差变化相对较小。当RE、NRMSE变化在10%以内时，$\Delta R^2<0.1$；在波段扩展过程中，$\Delta RE<0.01$，$\Delta NRMSE<0.02$，这在一定程度上说明所选敏感波段中心及其波段宽度对生物量估算具有一定稳定性。

　　根据前述的最优波段宽度确定标准，当生物量估算模型的相对误差（RE）和归一化均方根误差（NRMSE）达到允许最大误差值（10%）时，本研究确定了各敏感波段中心最优波段宽度，最优波段宽度变化范围在28～194nm内。其中，818nm/614nm和821nm/734nm两个波段宽度相对较宽，最优波段宽度分别为±49nm和±97nm；986nm/844nm波段中心的最优波段宽度相对较窄，为±14nm。

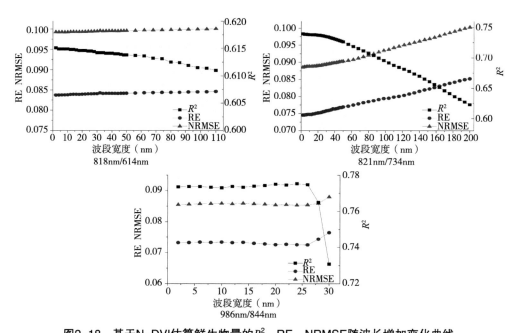

图2-18　基于N-DVI估算鲜生物量的R^2、RE、NRMSE随波长增加变化曲线

Fig. 2-18　Curves of R^2, RE and NRMSE with the increase of wavelength based on estimated fresh biomass by N-DVI

从变化曲线看，818nm/614nm和821nm/734nm变化曲线较为平缓，说明在最优波段宽度内，N-DVI估算冬小麦鲜生物量的精度有一定稳定性，其中，818nm/614nm最为稳定；986nm/844nm波段在波段宽度增加过程中，在±14nm之前曲线波动变化相对平稳，但在±14nm之后，曲线变化剧烈，尤其是拟合精度（R^2），因此本研究选取了±14nm作为该波段中心的最优波段宽度以保证生物量估算精度的稳定性。

（2）基于N-DVI最优波段宽度估算冬小麦鲜生物量精度验证。经过最优波段宽度筛选，最终确定了敏感波段中心及其对应的最优波段宽度。在此基础上，将最优波段宽度内反射率平均值构建的N-DVI与冬小麦实测鲜生物量数据建立统计模型，并利用预留的实测生物量样本数据对生物量估算模型进行精度验证，具体结果如表2-4和图2-19所示。可以看出，3个最优波段宽度拟合生物量在$P<0.01$水平上均达到了极显著水平。其中，986nm/844nm波段最优波段宽度对冬小麦鲜生物量的估算效果相对最好，在±14nm波段宽度内R^2达到了0.767 7，RE、NRMSE分别为7.44%和8.60%；818nm/614nm和821nm/734nm两个波段中心在估算精度上差距不明显，最优波段宽度内，R^2分别为0.584 8和

0.624 2，RE和NRMSE分别为8.46%、8.50%和10.00%、9.99%，虽然这两个波段在估算精度上较986nm/844nm有较大差距，但在±49nm、±97nm较宽的波段宽度内保持了相对理想的估算精度。

表2-4　基于N-DVI波段最优宽度及其估算鲜生物量精度

Tab. 2-4　Optimal band width based on N-DVI and its accuracy of estimated fresh biomass

波段中心（nm）		波段最优宽度（nm）	N-DVI拟合鲜生物量方程（kg/hm²）	鲜生物量估算精度验证		
λ_1	λ_2			R^2	RE（%）	NRMSE（%）
818	614	±49	$y=76\ 944x+17\ 506$	0.584 8**	8.46	10.00
821	734	±97	$y=174\ 167x+117\ 263$	0.624 2**	8.50	9.99
986	844	±14	$y=322\ 041x+26\ 060$	0.767 7**	7.44	8.60

注：拟合方程中x为波段λ_1、λ_2在最优波段宽度内反射率均值构建的N-DVI，y为拟合冬小麦鲜生物量（单位：kg/hm²）。

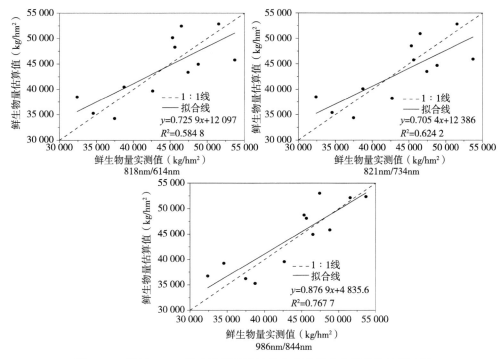

图2-19　基于N-DVI敏感波段最优波段宽度的鲜生物量估算结果验证

Fig. 2-19　Validation results of estimated fresh biomass based on N-DVI optimal band width of sensitive band

2.4.2.3 N-DVI与冬小麦干生物量相关性分析结果

以N-DVI与冬小麦干生物量间拟合精度（R^2）开展冬小麦地上干生物量与作物光谱间相关性分析研究，输出每个N-DVI拟合干生物量的拟合精度（R^2），如图2-20所示。

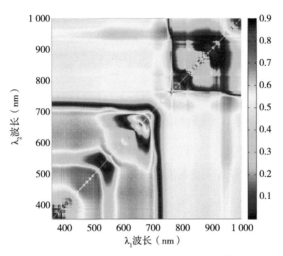

图2-20 N-DVI与冬小麦干生物量间拟合R^2二维分布

Fig. 2-20 Two dimensional map of R^2 values for N-DVI versus dry winter wheat biomass

图2-20与图2-16的坐标轴意义以及对称轴坐标相同，N-DVI与冬小麦干生物量间拟合R^2二维图内任意点即为该点对应的横轴、纵轴两个波段反射率构建的N-DVI与干生物量间拟合精度（R^2）。从数值上看，R^2在0.65以上波段区域有2个，即λ_1（580～660nm）/λ_2（350～520nm）和λ_1（920～950nm）/λ_2（520～690nm）二维区域；R^2在0.70以上波段区域有2个，即λ_1（430～500nm）/λ_2（410～520nm）和λ_1（910～980nm）/λ_2（680～740nm）二维区域。

（1）N-DVI估算干生物量高光谱敏感波段中心确定和最优波段宽度筛选。相较于N-DVI与冬小麦鲜生物量R^2分布图中极大值区域间明显的界线，N-DVI与干生物量间R^2分布二维图中极大值区域间界线相对模糊，为了突出极大值区域间的界线划分，也为了便于进行中心确定，本研究中选取了$R^2 \geq 0.60$的R^2极大值区域A～D为研究对象；在图像显示上以$R^2 = 0.05$为梯度展示了$R^2 \geq 0.45$的区域，如图2-21所示。

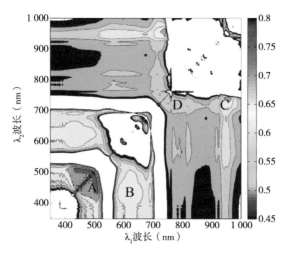

图2-21　N-DVI拟合冬小麦干生物量R^2二维等值线

Fig. 2-21　R^2 contour map showing relationship between N-DVI and dry winter wheat biomass

确定N-DVI与干生物量敏感区域后，分别计算敏感区域Ω的重心作为敏感波段中心。A ~ D的重心分别为502nm/454nm、623nm/428nm、947nm/593nm和956nm/736nm，在波段中心两侧同时以1nm为步长扩大波宽，同时计算对应波长范围内的N-DVI均值并与冬小麦地上干生物量进行拟合，并利用建模数据对相应生物量估算模型进行回代精度验证，最终得到不同波段中心及相关波段扩展下的作物生物量估算误差（如NRMSE、RE、R^2等）随波长增加的变化曲线，具体结果如图2-22所示。

由图2-22可知，本研究筛选的4个敏感波段中心随着波段宽度的逐步增加N-DVI与冬小麦干生物量相关关系将逐步减弱，波段宽度内构建的相关生物量估算模型的误差也逐步增加，但总体来看误差变化相对较小。当RE、NRMSE变化在10%以内时，$\Delta R^2 < 0.02$；在波段扩展过程中，$\Delta RE < 0.02$，$\Delta NRMSE < 0.02$，这在一定程度上说明所选敏感波段中心及其波段宽度对生物量估算具有一定稳定性。在确保估算精度前提下（RE≤10%，NRMSE≤10%），本研究确定了各敏感波段中心最优波段宽度，最优波段宽度变化范围在24 ~ 34nm内。4个敏感波段中心的最优波段宽度之间差异并不大，502nm/454nm、623nm/428nm、947nm/593nm和956nm/736nm的最优波段宽度分别为±13nm、±15nm、±17nm和±12nm。

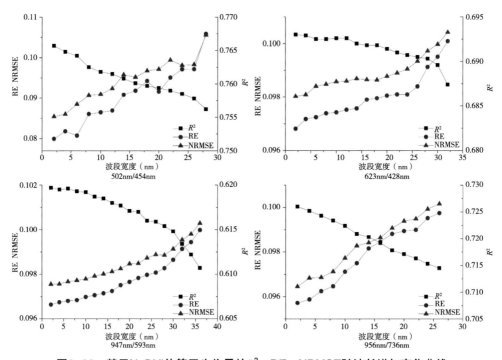

图2-22　基于N-DVI估算干生物量的R^2、RE、NRMSE随波长增加变化曲线

Fig. 2-22　Curves of R², RE and NRMSE with the increase of wavelength based on estimated dry biomass by N-DVI

从变化曲线看，623nm/428nm、947nm/593nm和956nm/736nm 3个波段中心曲线变化比较平缓，说明在最优波段宽度内，N-DVI估算冬小麦干生物量的精度有一定稳定性；502nm/454nm波段在波段宽度增加过程中，曲线波动变化相对较大，但在最优波段宽度内仍然保持了较高的生物量估算精度，说明利用该波段最优波宽估算生物量更具合理性。

（2）基于N-DVI最优波段宽度估算冬小麦干生物量精度验证。经过最优波段宽度筛选，最终确定了敏感波段中心及其对应的最优波段宽度。在此基础上，将最优波段宽度内反射率平均值构建的N-DVI与冬小麦实测干生物量数据建立统计模型，并利用预留的实测生物量样本数据对生物量估算模型进行精度验证，具体结果如表2-5和图2-23所示。可以看出，4个最优波段宽度拟合生物量在$P<0.01$水平上均达到了极显著水平。其中，502nm/454nm波段最优波段宽度对冬小麦干生物量的估算效果相对最好，在±13nm波段宽度内R^2达到了0.700 8，RE、NRMSE分别为9.72%和9.81%；623nm/428nm、947nm/593nm和956nm/736nm 3个波段中心在估算精度上差距不明显，最优波段宽度内，R^2

分别为0.666 3、0.616 9、0.690 5，RE和NRMSE分别为9.95%、9.94%、9.95%和10.00%、9.98%、10.00%。

表2-5 基于N-DVI波段最优宽度及其估算干生物量精度

Tab. 2-5 Optimal band width based on N-DVI and its accuracy of estimated dry biomass

波段中心（nm）		波段最优宽度（nm）	N-DVI拟合干生物量方程（kg/hm²）	干生物量估算精度验证		
λ₁	λ₂			R^2	RE（%）	NRMSE（%）
502	454	± 13	$y=（2E+06）x+6\,129.5$	0.700 8**	9.72	9.81
623	428	± 15	$y=341\,884x+6\,369.9$	0.666 3**	9.95	10.00
947	593	± 17	$y=-36\,983x+23\,303$	0.616 9**	9.94	9.98
956	736	± 12	$y=-84\,153x+22\,546$	0.690 5**	9.95	10.00

注：拟合方程中x为波段$λ_1$、$λ_2$在最优波段宽度内反射率均值构建的N-DVI，y为拟合冬小麦干生物量（单位：kg/hm²）。

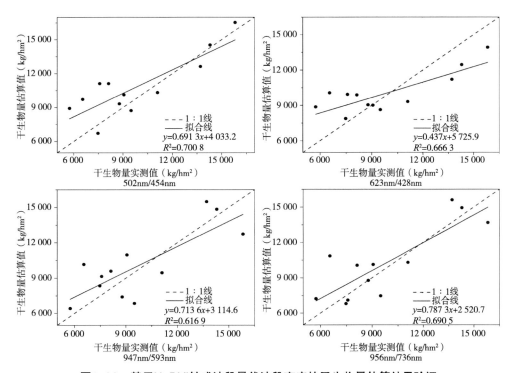

图2-23 基于N-DVI敏感波段最优波段宽度的干生物量估算结果验证

Fig. 2-23 Validation results of estimated dry biomass based on N-DVI optimal band width of sensitive band

2.4.3 基于N-RVI敏感波段最优波宽的生物量估算

2.4.3.1 N-RVI计算

根据式（2-6），在冬小麦关键生育期的孕穗期、抽穗期和乳熟期分别计算任意两波段组合的窄差值植被指数并绘制N-RVI二维分布，如图2-24所示。其中，横坐标（λ_1）、纵坐标（λ_2）均为作物冠层高光谱波长，波长范围为350～1 000nm，横、纵轴构成二维空间所对应的点为任意两波段λ_1、λ_2所对应的反射率计算的N-RVI值，并根据N-RVI值大小赋予不同颜色。

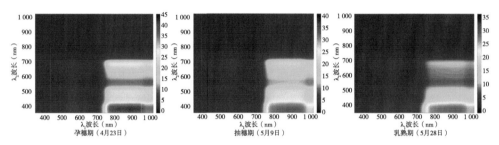

图2-24　冬小麦N-RVI二维分布（2014年）

Fig. 2-24　Two dimensional distribution of N-RVI of winter wheat（2014）

由于N-RVI与N-NDVI、N-DVI计算公式形式的不同，任意两波段构建的N-RVI在分布上不再具有对称性，且在数值上只有正值。由图2-24可知，N-RVI数值分布区域界线明显，数值较大的N-RVI主要分布在横轴740～1 000nm范围、纵轴350～700nm范围内，在此区域内，N-RVI分布又分为两个小区域，即横轴750～1 000nm范围、纵轴350～520nm范围和横轴740～1 000nm范围、纵轴600～700nm范围，两个区域的N-RVI在冬小麦生育期内变化明显。横轴750～1 000nm范围、纵轴350～520nm范围内，孕穗期N-RVI范围为18～53，平均N-RVI为48；抽穗期N-RVI范围为15～42，平均N-RVI为35；乳熟期N-DVI范围为8～25，平均N-RVI为19。在横轴740～1 000nm范围、纵轴600～700nm范围内，孕穗期N-RVI范围为12～34，平均N-RVI为28；抽穗期N-RVI范围为11～21，平均N-RVI为17；乳熟期N-DVI范围为4～7.5，平均N-RVI为6。

2.4.3.2 N-RVI与冬小麦鲜生物量相关性分析结果

通过N-RVI与冬小麦鲜生物量相关性分析得到与冬小麦鲜生物量敏感性高的波段组合，进而开展基于N-RVI指数的敏感波段最优波宽筛选。研究中，将任意两波段构建的N-RVI分别与冬小麦鲜生物量建立线性模型，并输出每个N-RVI拟合鲜生物量的拟合精度（R^2），如图2-25所示。

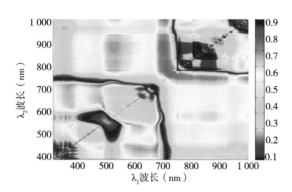

图2-25　N-RVI与冬小麦鲜生物量间拟合R^2二维分布

Fig. 2-25　Two dimensional map of R^2 values for N-RVI versus fresh winter wheat biomass

图2-25中横、纵坐标为作物冠层高光谱波长且波长范围为350~1 000nm，N-RVI与冬小麦鲜生物量间拟合R^2二维图内任意点即为该点对应的λ_1、λ_2波段反射率构建的N-RVI与生物量间拟合精度（R^2）。从数值上看，R^2在0.60以上波段区域有3个，即λ_1（400~450nm）/λ_2（650~700nm）、λ_1（550~600nm）/λ_2（820~910nm）和λ_1（600~700nm）/λ_2（370~420nm）二维区域；R^2在0.70以上的波段区域有6个，即λ_1（550~620nm）/λ_2（700~730nm）、λ_1（700~730nm）/λ_2（550~620nm）、λ_1（700~750nm）/λ_2（840~900nm）、λ_1（700~760nm）/λ_2（720~800nm）、λ_1（750~920nm）/λ_2（710~750nm）和λ_1（750~780nm）/λ_2（960~1 000nm）二维区域。

（1）N-RVI估算鲜生物量高光谱敏感波段中心确定和最优波段宽度筛选。本研究为了便于更直观地显示N-RVI分布的范围，在图2-25的基础上，以R^2=0.05为梯度显示了$R^2 \geqslant 0.45$的区域，如图2-26所示。其中，A~I为满足$R^2 \geqslant 0.65$的R^2极大值区域。

确定N-RVI与鲜生物量敏感区域后，分别计算敏感区域Ω的重心作为敏感波段中心。A~I的重心分别为398nm/672nm、551nm/865nm、577nm/699nm、654nm/399nm、704nm/561nm、715nm/866nm、719nm/991nm、726nm/771nm和803nm/732nm；然后，在敏感波段中心两侧同时以1nm为步长扩大波宽，同时计算对应波长范围内的N-RVI均值并与冬小麦地上鲜生物量进行拟合，并利

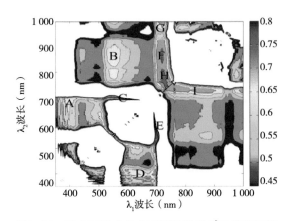

图2-26　N-RVI拟合冬小麦鲜生物量R^2二维等值线

Fig. 2-26　R^2 contour map showing relationship between N-RVI and fresh winter wheat biomass

用建模数据对相应生物量估算模型进行回代精度验证，最终得到不同波段中心及相关波段扩展下的作物生物量估算误差（如NRMSE、RE、R^2等）随波长增加的变化曲线，具体结果如图2-27所示。

（2）基于N-RVI最优波段宽度估算冬小麦鲜生物量精度验证。经过最优波段宽度筛选，本研究最终确定了上述9个敏感波段中心，对应的波段宽度分别为±14nm、±43nm、±12nm、±40nm、±14nm、±73nm、±9nm、±67nm和±20nm。在此基础上，将最优波段宽度内反射率平均值构建的N-RVI与冬小麦实测鲜生物量数据建立统计模型，并利用预留的实测生物量样本数据对生物量估算模型进行精度验证，具体结果如表2-6和图2-28所示。可以看出，9个最优波段拟合生物量在$P<0.01$水平上均达到极显著水平。其中，冬小麦鲜生物量估算效果最好的波段中心是577nm/699nm，在±12nm的波段宽度内，R^2为0.694 9，RE、NRMSE分别为7.61%和9.62%；估算效果次之的是704nm/561nm波段中心，在±14nm波段宽度内R^2为0.687 7，RE、NRMSE分别为7.92%和9.65%；398nm/672nm、551nm/865nm、654nm/399nm、715nm/866nm、719nm/991nm、726nm/771nm和803nm/732nm 7个敏感波段中心估算精度相近，RE、NRMSE分别在7.71%~9.98%和9.72%~10.00%，但726nm/771nm和715nm/866nm两个波段中心的拟合精度是最高的，分别达到了0.772 6和0.757 9，说明这两个波段在冬小麦鲜生物量估算研究中有较大的潜力。

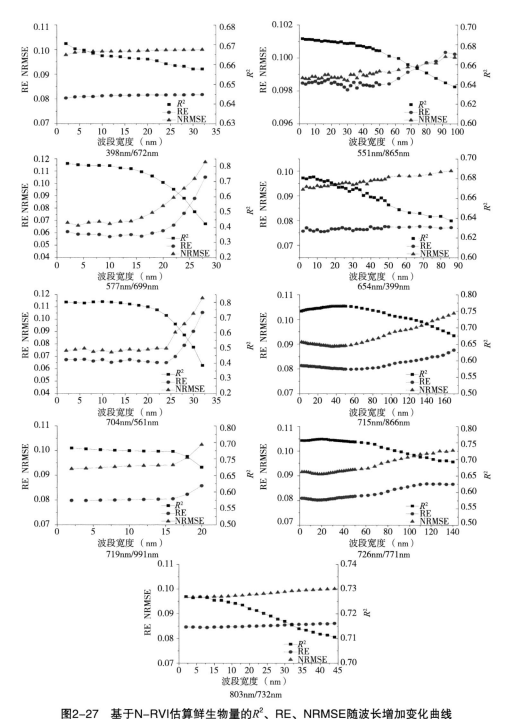

图2-27　基于N-RVI估算鲜生物量的R^2、RE、NRMSE随波长增加变化曲线

Fig. 2-27　Curves of R^2, RE and NRMSE with the increase of wavelength based on estimated fresh biomass by N-RVI

表2-6　基于N-RVI波段最优宽度及其估算鲜生物量精度

Tab. 2-6　Optimal band width based on N-RVI and its accuracy of estimated fresh biomass

波段中心（nm）		波段最优宽 度（nm）	N-RVI拟合鲜生物量 方程（kg/hm²）	鲜生物量估算精度验证		
λ_1	λ_2			R^2	RE（%）	NRMSE（%）
398	672	± 14	$y=-12\ 689x+69\ 044$	0.643 3**	8.18	10.00
551	865	± 43	$y=1\ 982.6x+21\ 075$	0.681 5**	9.98	9.97
577	699	± 12	$y=-134\ 586x+211\ 948$	0.694 9**	7.61	9.62
654	399	± 40	$y=56\ 019x+15\ 007$	0.655 0**	7.71	9.87
704	561	± 14	$y=231\ 698x-119\ 285$	0.687 7**	7.92	9.65
715	866	± 73	$y=34\ 480x-42\ 125$	0.757 9**	8.50	9.95
719	991	± 9	$y=12\ 045x+6\ 901.1$	0.689 6**	8.25	9.72
726	771	± 67	$y=95\ 560x-114\ 117$	0.772 6**	8.67	9.92
803	732	± 20	$y=-107\ 167x+98\ 248$	0.698 6**	8.61	9.99

注：拟合方程中x为波段λ_1、λ_2在最优波段宽度内反射率均值构建的N-RVI，y为拟合冬小麦鲜生物量（单位：kg/hm²）。

2.4.3.3　N-RVI与冬小麦干生物量相关性分析结果

通过N-RVI与冬小麦干生物量相关性分析得到与冬小麦干生物量敏感性高的波段组合，进而开展基于N-RVI指数的敏感波段最优波宽筛选。研究中，将任意两波段构建的N-RVI分别与冬小麦干生物量建立线性模型，并输出每个N-RVI拟合干生物量的拟合精度（R^2），如图2-29所示。

图2-29中横、纵坐标为作物冠层高光谱波长且波长范围为350～1 000nm，N-RVI与冬小麦干生物量间拟合R^2二维图内任意点即为该点对应的λ_1、λ_2波段反射率构建的N-RVI与生物量间拟合精度（R^2）。

从数值上看，R^2在0.70以上波段区域有3个，即λ_1（610～660nm）/λ_2（420～490nm）、λ_1（500～620nm）/λ_2（760～900nm）和λ_1（770～900nm）/λ_2（500～560nm）二维区域；R^2在0.75以上的波段区域有6个，即λ_1（480～510nm）/λ_2（440～500nm）、λ_1（520～610nm）/λ_2（910～1 000nm）、λ_1（530～590nm）/λ_2（710～770nm）、λ_1（700～730nm）/λ_2（710～740nm）、λ_1（710～740nm）/λ_2（510～590nm）和λ_1（930～1 000nm）/λ_2（490～580nm）二维区域。

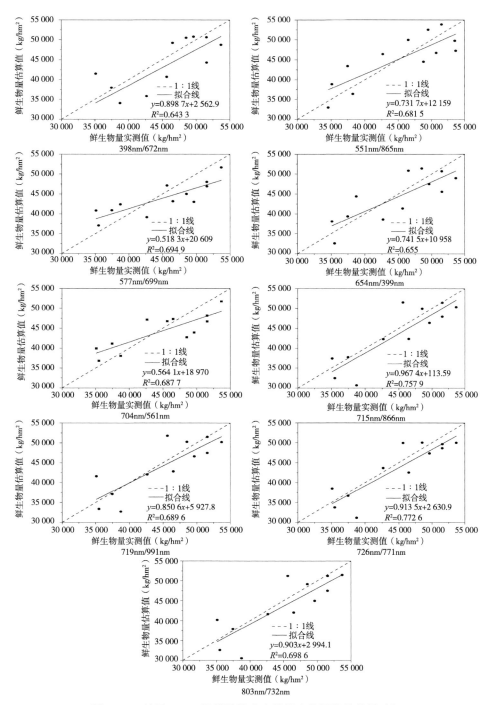

图2-28　基于N-RVI最优波段宽度的鲜生物量估算结果验证

Fig. 2-28　Validation results of estimated fresh biomass based on N-RVI optimal band width of
sensitive band

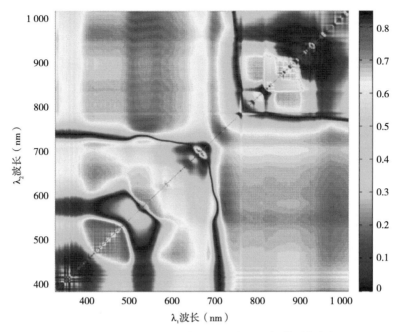

图2-29　N-RVI与冬小麦干生物量间拟合R^2二维分布

Fig. 2-29　Two dimensional map of R^2 values for N-RVI versus dry winter wheat biomass

（1）N-RVI估算干生物量高光谱敏感波段中心确定和最优波段宽度筛选。由于N-RVI拟合冬小麦干生物量的拟合精度相对偏高，R^2在0.7左右，为了更高精度的选取敏感波段中心以及对应的最有波段宽度，也为了减少工作量，只研究了$R^2 \geqslant 0.7$的极大值区域，如图2-30所示。其中，A～I为$R^2 \geqslant 0.70$的R^2极大值区域。

确定N-RVI与干生物量敏感区域后，分别计算敏感区域Ω的重心作为敏感波段中心。A～I的重心分别为439nm/623nm、506nm/461nm、538nm/965nm、553nm/850nm、550nm/740nm、721nm/715nm、730nm/552nm、818nm/519nm和970nm/539nm，然后，在敏感波段中心两侧同时以1nm为步长扩大波宽，同时计算对应波长范围内的N-RVI均值并与冬小麦地上鲜生物量进行拟合，并利用建模数据对相应生物量估算模型进行回代精度验证，最终得到不同波段中心及相关波段扩展下的作物生物量估算误差（如NRMSE、RE、R^2等）随波长增加的变化曲线，具体结果如图2-31所示。

（2）基于N-RVI最优波段宽度估算冬小麦干生物量精度验证。经过最优波段宽度筛选，本研究最终确定了上述9个敏感波段中心，对应的波段宽度分别为±11nm、±21nm、±18nm、±40nm、±25nm、±23nm、±21nm、±43nm和±22nm。在此基础上，将最优波段宽度内反射率平均值构建的N-RVI与冬小麦实测干生物量数据建立统计模型，并利用预留的实测生物量样本数据对生物量估算模型进行精度验证，具体结果如图2-32和表2-7所示。可以看出，9个最优波段拟合生物量在$P<0.01$水平上均达到极显著水平。其中，冬小麦干生物量估算效果相对较好的波段中心是550nm/740nm，在±25nm的波段宽度内，R^2为0.676 3，RE、NRMSE分别为9.49%和9.86%；439nm/623nm、506nm/461nm、538nm/965nm、553nm/850nm、721nm/715nm、730nm/552nm、818nm/519nm和970nm/539nm 8个敏感波段中心的估算效果相近，RE、NRMSE变化范围分别在9.60%～10.00%和9.90%～10.00%；但538nm/965nm和730nm/552nm两个波段中心的拟合精度是最高的，分别达到了0.704 2和0.712 8，说明这两个波段在冬小麦干生物量估算研究中有较大的潜力。

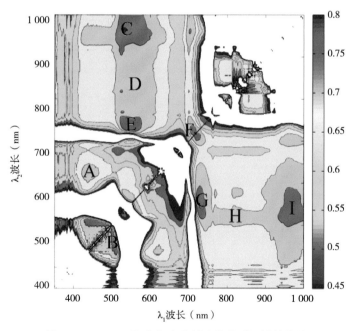

图2-30 N-RVI拟合冬小麦鲜生物量R^2二维等值线

Fig. 2-30 R^2 contour map showing relationship between N-RVI and fresh winter wheat biomass

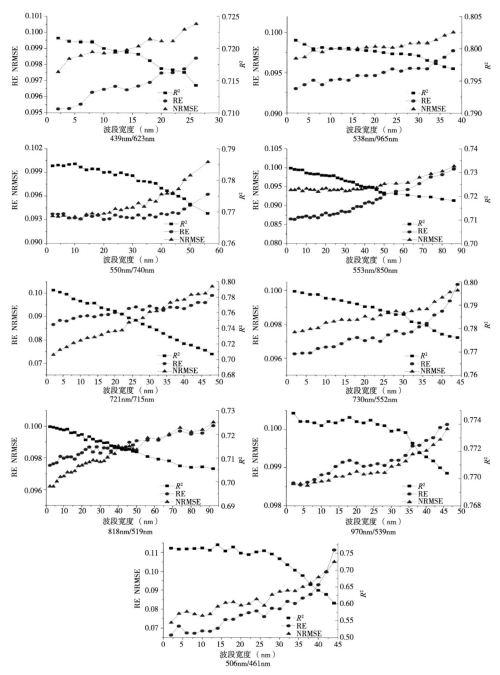

图2-31 基于N-RVI估算干生物量的R^2、RE、NRMSE随波长增加变化曲线

Fig. 2-31 Curves of R^2, RE and NRMSE with the increase of wavelength based on estimated dry biomass by N-RVI

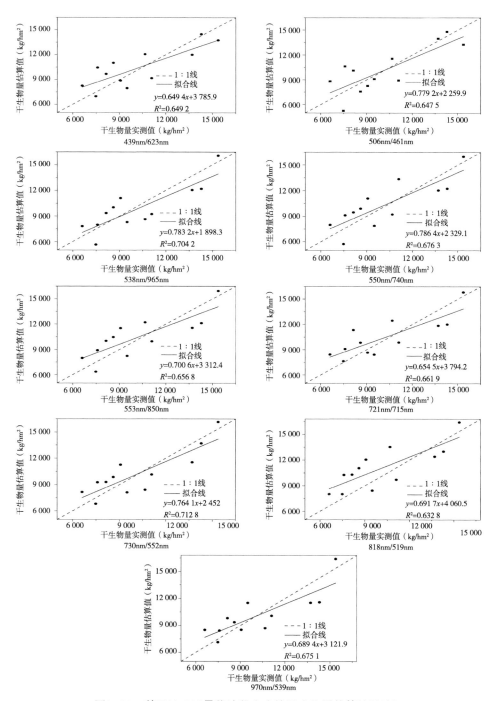

图2-32 基于N-RVI最优波段宽度的干生物量估算结果验证

Fig. 2-32 Validation results of estimated dry biomass based on N-RVI optimal band width of sensitive band

表2-7　基于N-RVI波段最优宽度及其估算干生物量精度

Tab. 2-7　Optimal band width based on N-RVI and its accuracy of estimated dry biomass

波段中心（nm）		波段最优宽度	N-RVI拟合干生物量方	干生物量估算精度验证		
λ_1	λ_2	（$\Delta\lambda$/nm）	程（kg/hm²）	R^2	RE（%）	NRMSE（%）
439	623	±11	$y=9\,052.8x-3\,629$	0.649 2**	9.75	9.95
506	461	±21	$y=-82\,074x+77\,496$	0.647 5**	9.97	9.98
538	965	±18	$y=-1\,398.3x+23\,742$	0.704 2**	9.69	9.96
550	740	±25	$y=-2\,286.7x+24\,783$	0.676 3**	9.49	9.86
553	850	±40	$y=-961.55x+21\,568$	0.656 8**	9.81	9.90
721	715	±23	$y=82\,545x-54\,271$	0.661 9**	9.60	10.00
730	552	±21	$y=63\,174x-3\,713$	0.712 8**	9.94	9.99
818	519	±43	$y=92\,262x+3\,059.5$	0.632 8**	9.96	9.98
970	539	±22	$y=84\,650x+914.089$	0.675 1**	10.00	9.97

注：拟合方程中x为波段λ_1、λ_2在最优波段宽度内反射率均值构建的N-RVI，y为拟合冬小麦干生物量（单位：kg/hm²）。

2.5　本章小结

本章通过分析N-VI与冬小麦干/鲜生物量的敏感程度，筛选基于不同N-VI的敏感波段中心，并通过波段扩展确定敏感波段中心的最优波段宽度，利用敏感波段最优波段宽度完成冬小麦生物量估算，得到主要结论如下。

（1）在研究N-VI与冬小麦生物量关系基础上，以拟合精度（R^2）极大值区域重心作为生物量敏感波段中心，通过波段扩展确定最优波段宽度。最后，利用敏感波段最优波段宽度进行生物量估算和精度验证。通过与实测生物量数据对比，所提敏感波段筛选和最优波段宽度优选方法进行作物鲜生物量估算取得了较好结果，证明本研究冬小麦生物量反演波段中心筛选和波段宽度优选方法具有一定可行性，这为开展作物生物量等关键作物参数反演提供了新思路。

（2）通过在N-VIs与冬小麦生物量间拟合R^2二维区域内设置阈值，分别确定了基于N-VI生物量反演的作物高光谱敏感波段中心及其最优波段宽度。

其中，N-NDVI、N-DVI与冬小麦干/鲜生物量间拟合R^2二维区域内设置阈值分别为0.65、0.60，N-RVI与冬小麦干/鲜生物量间拟合R^2二维区域内设置阈值分别为0.70、0.65。N-NDVI与鲜生物量的敏感波段中心为401nm/692nm、579nm/698nm、732nm/773nm、725nm/860nm、727nm/977nm，最优波段宽度分别为±21nm、±5nm、±51nm、±40nm和±23nm；N-NDVI与干生物量的敏感波段中心为387nm/840nm、465nm/500nm、527nm/963nm、538nm/729nm、543nm/859nm、699nm/829nm、701nm/962nm和717nm/718nm，最优波段宽度分别为±28nm、±12nm、±31nm、±21nm、±23nm、±20nm、±15nm和±28nm；N-DVI与鲜生物量的敏感波段中心为818nm/614nm、821nm/734nm和986nm/844nm，最优波段宽度分别为±49nm、±97nm和±14nm；N-DVI与干生物量的敏感波段中心为502nm/454nm、623nm/428nm、947nm/593nm和956nm/736nm，最优波段宽度分别为±13nm、±15nm、±17nm和±12nm；N-RVI与鲜生物量的敏感波段中心为398nm/672nm、551nm/865nm、577nm/699nm、654nm/399nm、704nm/561nm、715nm/866nm、719nm/991nm、726nm/771nm和803nm/732nm，最优波段宽度分别为±14nm、±43nm、±12nm、±40nm、±14nm、±73nm、±9nm、±66nm和±20nm；N-RVI与干生物量的敏感波段中心为439nm/623nm、506nm/461nm、538nm/965nm、553nm/850nm、550nm/740nm、721nm/715nm、730nm/552nm、818nm/519nm和970nm/539nm，最优波段宽度分别为±11nm、±21nm、±18nm、±40nm、±25nm、±23nm、±21nm、±43nm和±22nm。

（3）以最优波段宽度进行冬小麦干/鲜生物量估算，估算精度在$P<0.01$水平上均达到极显著水平，其中基于N-VIs最优波段宽度的鲜生物量估算精度高于干生物量估算。N-NDVI估算鲜生物量R^2在0.665 6～0.798 0，RE、NRMSE分别在8.15%～9.14%、8.69%～9.65%，估算干生物量R^2在0.644 8～0.718 2，RE、NRMSE分别在8.14%～10.00%、9.41%～10.00%；N-DVI估算鲜生物量R^2在0.584 8～0.767 7，RE、NRMSE分别在7.44%～8.50%、8.60%～10.00%，估算干生物量R^2在0.616 9～0.700 8，RE、NRMSE分别在9.72%～9.95%、9.81%～10.00%；N-RVI估算鲜生物量R^2在0.643 3～0.772 6，RE、NRMSE分别在7.61%～9.98%、9.62%～10.00%，估算干生物量R^2在0.632 8～0.712 8，RE、NRMSE分别在9.49%～10.00%、9.86%～10.00%。从N-VIs估算生物量

最高精度对比看，鲜生物量估算中N-VIs估算精度排序为N-NDVI>N-RVI>N-DVI；干生物量N-VIs估算精度排序为N-NDVI>N-RVI>N-DVI。

（4）目前本研究敏感波段中心及最优波段宽度确定虽然取得了较好的结果，但研究方法仍有待进一步改进。首先，在敏感波段中心筛选过程中，拟合精度需要通过线性模型得出，但是非线性模型是否有利于敏感波段的选择还需要进一步深入研究；其次，在敏感波段中心最优波段宽度确定过程中，本研究采用将波段中心两个波段同时扩展的方法，该方法与传统采用固定一个波段而研究另外一个波段的扩展方法相比具有一定改进，但如何确定波段组合中各自波段最优波段宽度仍是下一步需要深入研究的内容；再次，为了提高生物量模型的估算精度，同时也为了减少工作量，本研究最优波段宽度筛选时选用了不同的阈值（如N-NDVI估算干生物量和鲜生物量的R^2阈值为0.65；N-DVI估算干生物量和鲜生物量的R^2阈值为0.60；N-RVI估算鲜生物量为$R^2=0.65$，估算干生物量为$R^2=0.70$），因此，关于此阈值设置的合理性还有待进一步做深入研究；最后，本研究目前只针对任意两个波段开展相关植被指数的研究，且只应用了NDVI、DVI和RVI 3个植被指数，对于更复杂的植被指数敏感波段中心及最优波段宽度筛选工作有待进一步开展。

（5）本研究中，试验过程忽略了一些外部因素的影响。首先，光谱测量中忽略了作物含水量造成的作物冠层光谱差异，今后有必要充分考虑作物含水量对光谱的影响，进而在更大R^2范围内开展作物生物量敏感波段筛选和波段扩展研究；其次，试验中只针对冬小麦关键生育期进行了试验，并未对全生育期进行全面考虑，今后还需要利用全生育的生物量观测数据和冠层光谱信息，进行作物生物量敏感波段筛选深入研究。

3 基于高光谱卫星遥感的冬小麦地上生物量估算

利用遥感技术准确获取作物生物量信息对开展农作物长势监测、区域作物产量估算、农田生态系统和全球碳循环等研究都具有重要意义（Zheng et al.，2004；范云豹等，2016；贾学勤等，2018）。目前，通过遥感获取生物量的主要模型包括机理模型、半机理模型和经验模型（Machwitz et al.，2010；杜鑫等，2010；杜文勇等，2011）。其中，经验模型直接利用遥感特征参量与地上生物量数据建立统计模型，尽管该方法本身涉及作物生物量形成机理较少，但因方法简单、可操作性强，从而得到了较广泛的应用。其中，归一化植被指数（NDVI）、比值植被指数（RVI）、差值植被指数（DVI）等是最常用遥感特征参量（Andrea et al.，2015）。从遥感数据源看，目前农作物生物量估算主要应用多光谱、高光谱和雷达等遥感数据（Liu et al.，2010；Mariotto et al.，2013），其中，多光谱遥感数据应用最广泛（郑阳等，2017）。高光谱遥感数据由于具有更高光谱分辨率（波段宽度小于10nm），使得地表植被光谱分析有更多的波段选择，为定量分析植物理化变量与光谱特征的关系提供了强有力的数据支撑，也为深入开展作物生物量等关键农情参数定量反演提供了丰富信息源。

众多研究表明，高光谱遥感数据在作物生物量等生物理化参数估算方面比多光谱遥感数据更具特点和优势，已经成为最有应用潜力的遥感数据类型之一（Zandler et al.，2015）。但由于高光谱原始数据信息量大、波段多且相邻波段信息相关性高，信息冗余性必然会增加（Thenkabail & Enclona，2004；程志庆等，2015）。因此，如何进行高光谱敏感波段选取和有效信息提取成为高光谱数据应用的关键步骤之一，也是进一步开展植被参数高光谱遥感反演模型研究的重要工作基础。国内外学者已经开展了一系列高光谱作物参数反演敏感波段选择、波段组合以及遥感指数筛选研究（Hansen & Schjoerring，2003；Siegmann & Jarmer，2003；王福民等，2008）。

综合看，目前利用高光谱遥感数据进行农作物理化参量遥感反演大多集中应用非成像冠层高光谱（Ghyp et al.，2014；付元元等，2013；刘冰峰等，2016），少量研究采用航空高光谱遥感影像（陈鹏飞等，2010；Casas et al.，2014；Bendig et al.，2015；田明璐等，2016），而利用高光谱卫星遥感数据（如EO-1 Hyperion）的研究相对更少（Marshall & Thenkabail，2015）。特别是目前利用高光谱进行作物理化参量反演大多集中在作物冠层含水率、叶绿素（含氮量）、叶面积指数、覆盖度、生物量等参数（Fu et al.，2014；郑玲等，2016；Liu et al.，2016；李粉玲和常庆瑞，2017），其中，作物地上干生物量（Aboveground dry biomass，ADBM）方面的研究相对较少（Marshall & Thenkabail，2015）。本章研究在中国粮食主产区黄淮海地区选择典型试验区，以冬小麦地上干生物量ADBM为研究对象，以窄波段植被指数（Narrow band normalized difference vegetation index，N-NDVI）、窄波段比值植被指数（Narrow band ratio vegetation index，N-RVI）、窄波段差值植被指数（Narrow band difference vegetation index，N-DVI）为遥感特征参量，在利用作物冠层高光谱进行作物生物量敏感波段中心优选基础上，以敏感波段中心筛选结果为指导，利用EO-1 Hyperion高光谱遥感数据和窄波段植被指数开展区域冬小麦地上干生物量遥感反演研究，以期为进一步提高遥感高光谱卫星数据植被理化参数估算精度提供理论依据与技术支撑。

3.1 研究区域

本章研究区主要位于中国黄淮海粮食主产区河北省衡水市，地面调查区位于深州市（37°42′36″N ~ 38°09′36″N，115°21′36″E ~ 115°48′02″E）。该区域属于温带半湿润季风气候，区域主要农作物种植制度为冬小麦—夏玉米一年两熟制。其中，冬小麦种植时间为上年9月下旬至10月上旬，返青期为翌年2月下旬至3月上旬，拔节期为4月上旬至4月中旬，孕穗期为4月下旬，抽穗期为5月上旬，灌浆乳熟期为5月中旬至5月下旬，成熟期为6月上旬。2014年、2015年对衡水深州市7个典型样方在冬小麦孕穗期、抽穗期和乳熟期进行实地调查6次，累计获得42个样方数据和210个调查样点数据，主要包括作物冠层光谱和作物地上干生物量测量等；另外，调查区内均匀分布7个长期定位调查样点，用于观测冬小麦主要生育期地上干生物量指标。研究区位置和地面调查样方空间分布如图3-1所示。

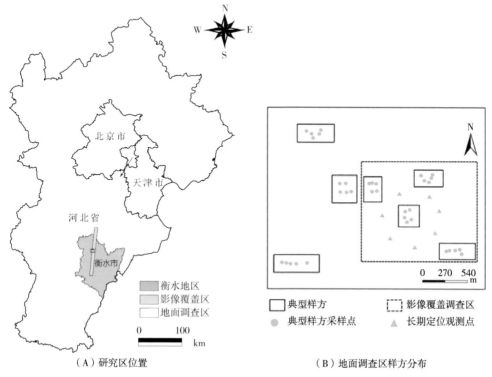

（A）研究区位置　　　　　　　　　　（B）地面调查区样方分布

图3-1　研究区位置和调查样方分布

Fig. 3–1　Location of the study region and distribution of the survey samples

3.2　主要研究方法

在利用作物冠层高光谱数据构建任意两个窄波段间植被指数N-VIs基础上，建立N-VI与冬小麦实测地上干生物量间线性模型。首先，本研究涉及的窄波段植被指数包括N-NDVI、N-DVI和N-RVI；其次，绘制N-VIs与冬小麦实测地上干生物量拟合精度（R^2）二维图，在此基础上，通过确定R^2极大值区域和极大值区域重心，从而确定N-VIs对冬小麦干生物量敏感的波段中心；再次，以基于N-VIs确定的估算冬小麦干生物量的敏感波段中心为指导，选择预处理后的Hyperion相关敏感波段反射率构建相应N-VIs，并在冬小麦干生物量与Hyperion N-VIs相关性分析基础上，优选估算生物量精度最高的N-VI及

Hyperion相关波段；最后，完成基于Hyperion的区域冬小麦生物量高精度反演和精度验证，主要技术路线如图3-2所示。

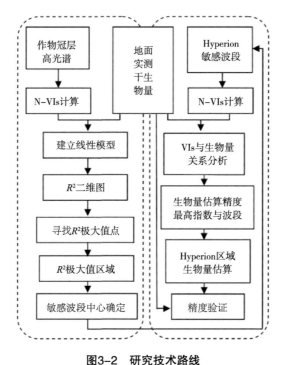

图3-2 研究技术路线

Fig. 3-2 Flowchart of the research

3.2.1 高光谱作物地上干生物量敏感波段中心确定

3.2.1.1 冠层高光谱窄波段植被指数（N-VIs）

为了便于研究作物冠层高光谱数据构建的任意两个波段间植被指数（N-VI）与生物量的相关关系，本研究选取了计算最为简单且最常用的归一化植被指数（NDVI）、差值植被指数（DVI）和比值植被指数（RVI）进行冬小麦生长期内作物生物量估算，具体计算公式见式（3-1）至式（3-3）。

$$NDVI=(R_{NIR} - R_{Red})/(R_{NIR} + R_{Red}) \qquad (3-1)$$

$$DVI = R_{NIR} - R_{Red} \qquad (3-2)$$

$$RVI = R_{NIR}/R_{Red} \qquad (3-3)$$

式中，R_{NIR}为近红外光谱反射率；R_{Red}为红光光谱反射率。

常规宽波段植被指数NDVI、DVI和RVI由近红外和红光波段构成，而高光谱提供了更加丰富的光谱信息，当近红外波段或红光波段不真正限制在电磁波谱的近红外区域和红光区域，而是针对高光谱任意波段进行两两组合时（王福民等，2008），便可构成窄波段归一化植被指数N-NDVI、窄波段比值植被指数N-RVI和窄波段差值植被指数N-DVI。具体计算公式见式（3-4）至式（3-6）。

$$N-NDVI_{ij} = (R_i - R_j)/(R_i + R_j) \qquad (3-4)$$

$$N-DVI_{ij} = R_i - R_j \qquad (3-5)$$

$$N-RVI_{ij} = R_i / R_j \qquad (3-6)$$

式中，i、j为高光谱波段；R_i、R_j为i、j波长所对应的高光谱反射率。

本研究获得的冠层高光谱波长在350～2 500nm，但由于主要针对可见光—近红外波段范围开展研究，且冠层光谱在1 350～1 415nm和1 800～1 950nm受大气和水蒸气影响较大（Psomas et al.，2011）。因此，本研究仅选择350～1 000nm范围光谱（含650个波段）进行敏感波段中心筛选及生物量估算研究。

3.2.1.2 冠层高光谱N-VIs与冬小麦地上干生物量相关性

在研究作物冠层高光谱N-VIs指数与冬小麦地上干生物量间相关性基础上，建立N-VI与冬小麦干生物量间的拟合R^2二维图。在此基础上，以表征拟合精度的决定系数（R^2）为衡量指标，确定对生物量估算相关性高的波段区域，为冬小麦干生物量估算敏感波段优选提供依据。其中，利用350～1 000nm波长范围内的地面作物冠层高光谱数据任意两波段构建的N-VI分别与地面实测干生物量进行线性拟合，拟合方程为见式（3-7）。

$$y = ax + b \qquad (3-7)$$

式中，x为作物冠层高光谱N-VIs，y为冬小麦地上干生物量（kg/hm^2），a为一次项系数，b为常数项。

表征冬小麦地上干生物量拟合精度的决定系数（R^2）见式（3-8）。

$$R^2 = \left(\frac{\sum\limits_{i=1}^{n}(o_i - \overline{o})(x_i - \overline{x})}{\sqrt{\sum\limits_{i=1}^{n}(o_i - \overline{o})^2 \sum\limits_{i=1}^{n}(x_i - \overline{x})^2}} \right)^2 \qquad (3-8)$$

式中，o_i 为实测作物地上生物量（kg/hm²），x_i 为对应N-VI，$\overline{o}$、$\overline{x}$ 为 o_i、x_i 的均值。

R^2 值越接近于1，说明冬小麦地上干生物量与N-VI间线性关系拟合效果越好，拟合精度越高，且 R^2 越大说明所选波段对冬小麦地上干生物量越敏感。

3.2.1.3 作物地上干生物量敏感波段中心确定

由于在N-VI与地上干生物量间的 R^2 二维图中，R^2 极大值区域并不是均匀分布，且 R^2 极大值点与 R^2 极大值区域重心不一定完全重合，导致 R^2 极大值点对应波段不一定与最优波段中心重合。因此，为保证利用所选波段中心进行作物生物量估算的结果更具稳定性和准确性，本研究通过确定 R^2 极大值区域重心获得敏感波段中心。首先，在获得N-VI与冬小麦地上干生物量间的拟合 R^2 二维图基础上，确定N-VI对冬小麦地上干生物量估算相关性高的波段区域；其次，在该区域内寻找 R^2 极大值点，并遍历该点8邻域内满足显著性要求的所有点，将这些点的集合标记为 R^2 极大值区域 Ω；最后，将 R^2 极大值点区域的重心作为每个 R^2 极大值点区域的敏感波段中心。作物地上干生物量敏感波段中心确定示意图如图3-3所示。其中，重心计算公式见式（3-9）。

$$\begin{cases} \overline{u} = \dfrac{\sum\limits_{(u,v)\in\Omega} uf(u,v)}{\sum\limits_{(u,v)\in\Omega} f(u,v)} \\[4mm] \overline{v} = \dfrac{\sum\limits_{(u,v)\in\Omega} vf(u,v)}{\sum\limits_{(u,v)\in\Omega} f(u,v)} \end{cases} \qquad (3-9)$$

式中，$f(u,v)$ 为波段坐标为 (u,v) 的 R^2 值，Ω 为极大值区域，$(\overline{u},\overline{v})$ 为敏感波段中心坐标。

由相关系数显著性检验可知，当样本数量为30时，$R^2 > 0.130$，N-VIs与实测作物地上干生物量呈显著相关关系；$R^2 > 0.214$，N-VIs与实测地上干生物量呈极显著相关关系。为了保证本研究敏感波段中心筛选结果的精度和可靠性，本研究采用$R^2>0.214$的极显著相关关系标准进行敏感波段区域的筛选。筛选过程中，需要在R^2二维图中寻找$R^2>0.214$的极大值点，并遍历该点8邻域内$R^2>0.214$的所有点，将这些点的集合标记为极大值区域Ω，并以$R^2=0.05$（Thenkabail et al.，2000）为梯度显示R^2分布区域。此外，为了提高所选敏感波段估算作物干生物量的精度，并减少工作量，研究中可根据N-VIs与作物地上生物量间拟合R^2二维图的特点，选择更高拟合精度标准的R^2二维区域进行相关敏感波段优选研究。

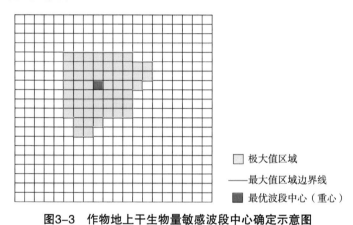

　　　　　　　　　　　　□ 极大值区域

　　　　　　　　　　　　—— 最大值区域边界线

　　　　　　　　　　　　■ 最优波段中心（重心）

图3-3　作物地上干生物量敏感波段中心确定示意图

Fig. 3-3　Sketch map of sensitive band center of crop ADBM

3.2.2　基于高光谱遥感卫星的作物地上干生物量反演

3.2.2.1　高光谱卫星遥感数据植被指数确定

在利用作物冠层高光谱数据计算窄波段植被指数N-VIs进行冬小麦生物量估算敏感波段中心筛选基础上，以敏感波段中心为指导，选择敏感中心对应的Hyperion波段，并以Hyperion波段反射率计算相应的N-VIs植被指数。

3.2.2.2　高光谱卫星遥感植被指数与地上生物量关系模型建立

在筛选遥感数据波段以及构建相应Hyperion窄波段植被指数基础上，建立Hyperion窄波段植被指数与冬小麦实测地上干生物量间线性模型，方程见式（3-10）。

$$y = cx + d \hspace{4cm} （3-10）$$

式中，x为冬小麦关键生育期的Hyperion N-VIs，y为冬小麦关键生育期地上干生物量（kg/hm²），c为一次项系数，d为常数项。

3.2.2.3 基于Hyperion N-VIs的区域冬小麦地上干生物量估算

在建立不同敏感波段下Hyperion N-VIs与冬小麦实测地上干生物量间统计模型基础上，将Hyperion高光谱遥感数据计算的窄波段植被指数N-VI代入到相关地上干生物量估算模型，从而获得不同敏感波段下区域冬小麦生物量空间分布结果。在此基础上，利用预留的实测地上生物量验证点数据对上述区域冬小麦生物量空间分布结果进行精度验证。最终，根据精度最高原则，确定冬小麦地上干生物量反演Hyperion最优波段，并将精度最高的生物量估算结果作为区域冬小麦地上生物量估算最佳结果。

3.2.3 作物地上生物量遥感估算精度验证

除了常用表征模型精度的决定系数（R^2）外，本研究中作物地上生物量遥感估算模型结果验证精度评价指标还包括归一化均方根误差（Normalized root mean square error，NRMSE）和相对误差（Relative error，RE），见式（3-11）、式（3-12）。

$$\text{NRMSE(\%)} = \frac{\sqrt{\dfrac{\sum_{i=1}^{n}(p_i - o_i)^2}{n}}}{\bar{o}} \times 100 \tag{3-11}$$

$$\text{RE(\%)} = \frac{|p_i - o_i|}{o_i} \times 100 \tag{3-12}$$

式中，p_i为通过窄波段植被指数拟合的作物地上生物量（kg/hm²），o_i为实测地上生物量（kg/hm²），n为样本量。

其中，当NRMSE和RE小于10%时，判断模拟结果精度为极好，NRMSE和RE大于10%小于20%时模拟结果为好，NRMSE和RE大于20%小于30%时模拟结果为中等，NRMSE和RE大于30%时模拟结果为差（Michele et al.，2003；姜志伟等，2012），判断标准优先考虑NRMSE，其次为RE。

本研究在作物冠层高光谱干生物量敏感波段中心确定中，主要利用2014

年、2015年累计获得的42个样方地上干生物量和冬小麦冠层高光谱数据。其中，30个样方数据用于模型建立，12个样方数据用于精度验证；在基于Hyperion高光谱卫星遥感进行区域冬小麦地上干生物量估算研究中，本研究仅获取到2014年冬小麦孕穗期1景Hyperion高光谱遥感卫星影像。受Hyperion遥感影像幅宽较窄影响，仅覆盖了2014年地面部分典型样方中18个调查点和7个长期定位观测点，因此，研究中仅采用25个点位数据开展Hyperion高光谱遥感干生物量模型建立与精度验证。其中，15个用于模型建立，10个用于精度验证。

3.3　数据获取与处理

3.3.1　地面数据采集与处理

3.3.1.1　地面样方布设与观测内容

本研究典型样方数据采集主要包括GPS定位信息、冬小麦冠层高光谱和冬小麦地上干生物量。研究区共布设7个典型样方，样方选择不仅考虑了小麦样方在区域内分布的均匀性，而且考虑了小麦长势和品种的代表性。其中，2014年和2015年共进行6次地面样方数据采集，具体地面样方调查时间分别为2014年4月23日（孕穗期）、5月9日（抽穗期）、5月28日（乳熟期）和2015年4月14日（拔节期）、5月7日（抽穗期）和5月27日（乳熟期）。调查中，每个样方内均匀布置5个采样点，每个采样点样框大小为50cm×50cm，在每个样点分别进行冬小麦地上干生物量和冠层高光谱采集。为准确获得每个地面样方的地上干生物量和冠层光谱数据，研究中将5个样点的干生物量和冠层光谱信息分别进行平均处理，从而获得更加准确的典型样方观测数据，进而提高参与建模和模型验证的样方数据质量。

3.3.1.2　地上干生物量和冠层光谱获取

在冬小麦地上生物量实地调查过程中，在对采样点进行准确定位基础上，分别收割样点中50cm×50cm采样框内冬小麦地上部分并装入保鲜袋。在试验室中，对冬小麦植株105℃杀青0.5h，并在80℃干燥至恒质量（前后两次质量差不大于5%），称得植株地上部干生物量。在此基础上计算采样点单位面积冬小麦地上干生物量（kg/hm²）。

冬小麦冠层光谱利用美国ASD FieldSpec Pro2 500型光谱仪（350～
2 500nm）进行测量。其中，在350～1 000nm光谱范围内采样间隔为1.4nm
（重采样后间隔为1nm），在1 000～2 500nm光谱范围内采样间隔为2nm。测
定光谱在10：00—14：00且天气晴朗无风、阳光照射充足条件下进行。光谱
测量过程中，首先将探头垂直对准参考板进行优化，然后开始样方内冬小麦冠
层光谱的采集。光谱采集时，探头垂直向下，探头距离冠层高度约1.2m，探头
视场角为25°，每个采样点测量10条高光谱。在此基础上，利用ViewSpecPro软
件对光谱数据进行平均，并将平均值作为相应采样点的反射光谱值。此外，利
用ENVI Classic软件中smooth（s1，5）函数9点加权移动平均法对光谱数据进
行平滑。最终，得到观测样方地面高光谱反射率数据。

3.3.2　高光谱遥感卫星数据获取与处理

本研究所用遥感数据为1景EO-1 Hyperion高光谱卫星数据，相关遥感数据
由美国地质勘探局网站（http://glovis.usgs.gov）下载获得。EO-1发射于2000
年11月21日，太阳同步轨道，轨道高度为705km，成像幅宽为7.7km×42km，
空间分辨率为30m。EO-1搭载了大气校正仪AC（Atmospheric corrector）、
高级陆地成像仪ALI（Advanced land imager）和高光谱成像光谱仪Hyperion
3种传感器。Hyperion是第1台星载高光谱传感器，成像幅宽为7.7km×42km，
空间分辨率为30m，光谱分辨率为10nm，共242个波段，光谱范围为357～
2 576nm。其中，1～70波段覆盖357～1 058nm的可见光和近红外区域，71～
242波段覆盖852～2 576nm的短波红外区域，具体Hyperion波段中心波长如表
3-1所示。

本研究中利用的Hyperion影像获取时间为2014年4月23日，影像中心经
纬度为38°01′1.52″N，114°44′6.69″E。Hyperion数据预处理在ENVI Classic
Workshop插件下进行，主要包括条纹修复及坏线去除、未标定及水汽吸收严
重波段剔除、Smile效应校正、大气校正、几何校正等。通过对影像的处理，
剔除了噪声波段以及无效波段，有效波段共有176个，分别为波段8～57波段、
波段79～120、波段128～166、波段179～223，具体Hyperion影像处理器前
后对比如图3-4所示。本研究中用到的波段主要集中在350～1 000nm范围内
8～57波段、79～85波段，其中，波段8～57波长范围为426.82～925.41nm，
波段79～85波长范围为932.64～993.17nm。

表3-1 Hyperion波段中心波长

Tab. 3-1 Wave length of band centers of Hyperion band

波段	中心波长 （nm）	波段	中心波长 （nm）	波段	中心波长 （nm）	波段	中心波长 （nm）	波段	中心波长 （nm）
B1	355.59	B24	589.62	B47	823.65	B70	1 057.68	B93	1 073.89
B2	365.76	B25	599.80	B48	833.83	B71	851.92	B94	1 083.99
B3	375.94	B26	609.97	B49	844.00	B72	862.01	B95	1 094.09
B4	386.11	B27	620.15	B50	854.18	B73	872.10	B96	1 104.19
B5	396.29	B28	630.32	B51	864.35	B74	882.19	B97	1 114.19
B6	406.46	B29	640.50	B52	874.53	B75	892.28	B98	1 124.28
B7	416.64	B30	650.67	B53	884.70	B76	902.36	B99	1 134.38
B8	426.82	B31	660.85	B54	894.88	B77	912.45	B100	1 144.48
B9	436.99	B32	671.02	B55	905.05	B78	922.54	B101	1 154.58
B10	447.17	B33	681.20	B56	915.23	B79	932.64	B102	1 164.68
B11	457.34	B34	691.37	B57	925.41	B80	942.73	B103	1 174.77
B12	467.52	B35	701.55	B58	935.58	B81	952.82	B104	1 184.87
B13	477.69	B36	711.72	B59	945.76	B82	962.91	B105	1 194.97
B14	487.87	B37	721.90	B60	955.93	B83	972.99	B106	1 205.07
B15	498.04	B38	732.07	B61	966.11	B84	983.08	B107	1 215.17
B16	508.22	B39	742.25	B62	976.28	B85	993.17	B108	1 225.17
B17	518.39	B40	752.43	B63	986.46	B86	1 003.30	B109	1 235.27
B18	528.57	B41	762.60	B64	996.63	B87	1 013.30	B110	1 245.36
B19	538.74	B42	772.78	B65	1 006.81	B88	1 023.40	B111	1 255.46
B20	548.92	B43	782.95	B66	1 016.98	B89	1 033.49	B112	1 265.56
B21	559.09	B44	793.13	B67	1 027.16	B90	1 043.59	B113	1 275.66
B22	569.27	B45	803.30	B68	1 037.33	B91	1 053.69	B114	1 285.76
B23	579.45	B46	813.48	B69	1 047.51	B92	1 063.79	B115	1 295.86

（续表）

波段	中心波长（nm）	波段	中心波长（nm）	波段	中心波长（nm）	波段	中心波长（nm）	波段	中心波长（nm）
B116	1 305.96	B142	1 568.22	B168	1 830.58	B194	2 092.84	B220	2 355.21
B117	1 316.05	B143	1 578.32	B169	1 840.58	B195	2 102.94	B221	2 365.20
B118	1 326.05	B144	1 588.42	B170	1 850.68	B196	2 113.04	B222	2 375.30
B119	1 336.15	B145	1 598.51	B171	1 860.78	B197	2 123.14	B223	2 385.40
B120	1 346.25	B146	1 608.61	B172	1 870.87	B198	2 133.24	B224	2 395.50
B121	1 356.35	B147	1 618.71	B173	1 880.98	B199	2 143.34	B225	2 405.60
B122	1 366.45	B148	1 628.81	B174	1 891.07	B200	2 153.34	B226	2 415.70
B123	1 376.55	B149	1 638.81	B175	1 901.17	B201	2 163.43	B227	2 425.80
B124	1 386.65	B150	1 648.90	B176	1 911.27	B202	2 173.53	B228	2 435.89
B125	1 396.74	B151	1 659.00	B177	1 921.37	B203	2 183.63	B229	2 445.99
B126	1 406.84	B152	1 669.10	B178	1 931.47	B204	2 193.73	B230	2 456.09
B127	1 416.94	B153	1 679.20	B179	1 941.57	B205	2 203.83	B231	2 466.09
B128	1 426.94	B154	1 689.30	B180	1 951.57	B206	2 213.93	B232	2 476.19
B129	1 437.04	B155	1 699.40	B181	1 961.66	B207	2 224.03	B233	2 486.29
B130	1 447.14	B156	1 709.50	B182	1 971.76	B208	2 234.12	B234	2 496.39
B131	1 457.23	B157	1 719.60	B183	1 981.86	B209	2 244.22	B235	2 506.48
B132	1 467.33	B158	1 729.70	B184	1 991.96	B210	2 254.22	B236	2 516.59
B133	1 477.43	B159	1 739.70	B185	2 002.06	B211	2 264.32	B237	2 526.68
B134	1 487.53	B160	1 749.79	B186	2 012.15	B212	2 274.42	B238	2 536.78
B135	1 497.63	B161	1 759.89	B187	2 022.25	B213	2 284.52	B239	2 546.88
B136	1 507.73	B162	1 769.99	B188	2 032.35	B214	2 294.61	B240	2 556.98
B137	1 517.83	B163	1 780.09	B189	2 042.45	B215	2 304.71	B241	2 566.98
B138	1 527.92	B164	1 790.19	B190	2 052.45	B216	2 314.81	B242	2 577.08
B139	1 537.92	B165	1 800.29	B191	2 062.55	B217	2 324.91		
B140	1 548.02	B166	1 810.38	B192	2 072.65	B218	2 335.01		
B141	1 558.12	B167	1 820.48	B193	2 082.75	B219	2 345.11		

（a）处理前　　　　　　　（b）处理后

图3-4　EO-1 Hyperion高光谱影像处理前后对比

Fig. 3-4　The comparison of EO-1 Hyperion data between before and after preprocess

3.3.3　其他辅助数据

本研究中涉及其他辅助数据包括研究区冬小麦作物分布图、作物物候信息、行政边界（县级、市级、省级）等。其中，高精度冬小麦作物分布图由农业农村部农业遥感重点实验室（原农业农村部农业信息技术重点实验室）提供，该数据由16m空间分辨率GF-1遥感数据通过目视解译获得，通过与地面作物样方验证，作物分布图总体精度和Kappa系数分别为97.53%、0.9510。由于本研究采用的Hyperion高光谱影像分辨率为30m，为了提取Hyperion高光谱影像冬小麦地上生物量空间分布信息，本研究通过对16m空间分辨率作物分布图进行重采样，从而获得与Hyperion高光谱影像一致的空间分辨率，便于提取冬小麦地上生物量空间分布信息。

3.4　结果与分析

3.4.1　冠层高光谱估算地上干生物量敏感波段选取

3.4.1.1　冠层高光谱窄波段植被指数N-VIs结果

研究中，在对样方采集的作物冠层高光谱数据光谱平均及光谱平滑等预处理基础上，利用Matlab软件，根据式（3-4）至式（3-6），在冬小麦关键生育期分别计算并绘制任意两波段组合的N-NDVI、N-DVI和N-RVI，获得冬小麦N-NDVI、N-DVI和N-RVI分布。具体计算结果同图2-6、图2-15和图2-24所示，此处不再重复显示。

由图2-6和图2-15可知，N-NDVI和N-DVI红色区域为正值，蓝色部分为负值，且N-NDVI和N-DVI的绝对值以（350，350）、（1 000，1 000）两点间连线为轴呈轴对称分布，因此，在分析时只需研究对称轴一侧N-NDVI和N-DVI即可。以对称轴下侧为例，存在一些N-NDVI和N-DVI变化较为明显的区域，各个生育期窄波段植被指数变化比较明显区域N-VIs最小值、最大值和平均值的统计结果如表3-2所示，该结果符合冬小麦不同生育期内植被指数与冠层光谱的变化规律（王磊等，2012）。由于N-RVI与N-NDVI、N-DVI计算公式形式的不同，任意两波段构建的N-RVI在分布上不具有对称性，且在数值上只有正值。图2-24可以看出，N-RVI数值分布区域界线明显，数值较大的N-RVI主要分布在横轴740~1 000nm范围、纵轴350~700nm范围内，其中，横轴750~1 000nm、纵轴350~520nm范围和横轴740~1 000nm、纵轴600~700nm范围两个区域的N-RVI在冬小麦生育期内变化明显。各个生育期内窄波段植被指数变化比较明显的区域，具体指数分布结果如表3-2所示。

表3-2　主要生育期冬小麦冠层高光谱N-VIs分布统计

Tab. 3-2　Statistics of winter wheat canopy hyperspectral N-VIs in main growth stage

窄波段植被指数	坐标轴范围（nm）		孕穗期VIs			抽穗期VIs			乳熟期VIs		
	横轴	纵轴	最小值	最大值	平均值	最小值	最大值	平均值	最小值	最大值	平均值
N-NDVI	680~1 000	350~720	0.45	0.93	0.87	0.56	0.94	0.89	0.40	0.76	0.74
	520~580	350~510	0.37	0.65	0.40	0.35	0.60	0.39	0.25	0.58	0.39
	640~700	520~570	-0.45	-0.30	-0.32	-0.44	-0.30	-0.31	-0.16	-0.06	-0.07
N-DVI	720~1 000	350~750	0.13	0.52	0.51	0.09	0.41	0.38	0.07	0.27	0.24
	760~930	830~1 000	0.04	0.08	0.06	0.04	0.07	0.05	0.01	0.03	0.02
N-RVI	750~1 000	350~520	18.00	53.00	48.00	15.00	42.00	35.00	8.00	25.00	19.00
	740~1 000	600~700	12.00	34.00	28.00	11.00	21.00	17.00	4.00	7.50	6.00

3.4.1.2　冠层高光谱N-VIs与地上干生物量相关性

将650个×650个N-NDVI、N-DVI和N-RVI数据分别与30个地面实测干生物量数据建立线性模型，并输出每个N-VI拟合干生物量的拟合精度R^2（图3-5）。图3-5中横、纵坐标为作物冠层高光谱波长且波长范围为350~1 000nm，R^2二维图内任意点即为该点对应的横轴（λ_1）、纵轴（λ_2）两个波段反射率构建的N-VIs与干生物量间拟合精度（R^2）。从图3-5可以看出，拟合精度（R^2）分布以（350，350）、（1 000，1 000）两点对角线为轴对称分布，从R^2二维分布区域可以得到N-NDVI、N-DVI和N-RVI对冬小麦干生物量相关性较大的区域及相关波段信息。

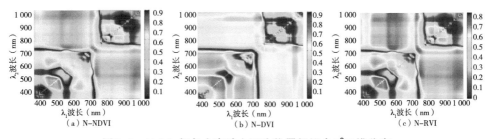

图3-5　N-VIs与冬小麦地上干生物量间拟合R^2二维分布

Fig. 3-5　Two dimensional map of R^2 values for N-VIs versus ADBM of winter wheat

3.4.1.3 高光谱窄波段植被指数估算生物量敏感波段中心确定

由于N-VIs与干生物量间R^2分布二维图中极大值区域分布特点各不相同，为了突出极大值区域间界线划分，也便于更直观地显示与生物量敏感的R^2区域和敏感波段中心的确定，进一步提高所选敏感波段估算作物干生物量的精度，同时为了减少研究的工作量，本研究在N-NDVI、N-DVI和N-RVI拟合冬小麦干生物量R^2二维图中分别选择$R^2 \geq 0.65$、$R^2 \geq 0.60$、$R^2 \geq 0.70$的R^2二维区域进行相关敏感波段中心确定研究，并确定了相应的极大值区域，如图3-6（a）中A~H、图3-6（b）中A~D、图3-6（c）中A~I为满足条件的R^2极大值区域Ω。为了更直观地显示波段敏感区域，本研究在图3-6中仅显示了$R^2 > 0.45$区域结果。

在确定N-VIs与干生物量的敏感区域后，根据公式（3-9）分别计算敏感区域Ω的重心作为敏感波段中心。通过计算可知，图3-6（a）中A~H的重心分别为（840nm，387nm）、（500nm，465nm）、（963nm，527nm）、（859nm，543nm）、（729nm，538nm）、（962nm，701nm）、（829nm，699nm）、（718nm，717nm）；图3-6（b）中A~D的重心分别为（502nm，454nm）、（623nm，428nm）、（947nm，593nm）、（956nm，736nm）；图3-6（c）中A~I的重心分别为（439nm，623nm）、（506nm，461nm）、（538nm，965nm）、（553nm，850nm）、（550nm，740nm）、（721nm，715nm）、（730nm，552nm）、（818nm，519nm）、（970nm，539nm）。

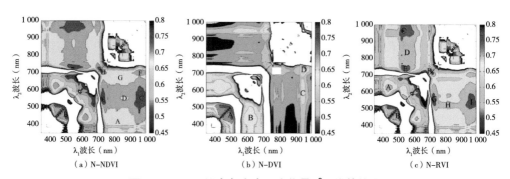

图3-6 N-VIs拟合冬小麦干生物量R^2二维等值线

Fig. 3-6 R^2 contour map showing relationship between N-VIs and dry winter wheat biomass

3.4.2 基于Hyperion的区域冬小麦生物量遥感反演

3.4.2.1 Hyperion遥感波段选取与N-VIs计算

在基于冠层高光谱窄波段植被指数（N-VIs）确定冬小麦干生物量高光谱敏感波段中心基础上，确定不同敏感波段中心所对应的Hyperion波段。其中，由于构建窄波段植被指数的冠层高光谱分辨率为1nm，因此，构建植被指数的两个波段中心可能会出现在同一Hyperion波段，这种情况在Hyperion波段选取时予以舍弃。例如，敏感波段中心（718nm，717nm）的两个波段中心将同时出现在Hyperion的B_{37}波段（中心波长721.90nm，半值波宽10.600 4nm），导致构建N-NDVI植被指数一直为0，因此，这种情况敏感波段选取时将予以舍弃。另外，由于Hyperion遥感预处理时剔除了1~7波段（波长范围355.59~416.64nm），因此，部分敏感波段中心（如840nm、387nm）也将不予考虑。最终，建立了N-NDVI、N-DVI和N-RVI估算冬小麦生物量敏感波段中心与Hyperion波段对应关系，如表3-3所示。

表3-3 Hyperion遥感波段选取与N-VIs计算

Tab. 3-3 Selection of Hyperion bands and the statistic of winter wheat N-VIs in 2014

N-VIs 指标	冠层高光谱敏感波段中心		Hyperion高光谱卫星波段		冬小麦Hyperion N-VIs		
	λ_1波段（nm）	λ_2波段（nm）	λ_1波段（nm）	λ_2波段（nm）	最大值	最小值	平均值
N-NDVI	465	500	B_{12}（467.52）	B_{15}（498.04）	-0.035	-0.10	-0.058 4
	527	963	B_{18}（528.57）	B_{82}（962.91）	0.98	0.45	0.672 5
	538	729	B_{19}（538.74）	B_{38}（732.07）	0.95	0.46	0.632 1
	543	859	B_{20}（548.92）	B_{50}（854.18）	0.99	0.55	0.728 4
	699	829	B_{35}（701.55）	B_{48}（833.83）	0.97	0.60	0.736 5
	701	962	B_{35}（701.55）	B_{82}（962.91）	0.95	0.30	0.515 7

（续表）

N-VIs 指标	冠层高光谱敏感波段中心		Hyperion高光谱卫星波段		冬小麦Hyperion N-VIs		
	λ_1波段（nm）	λ_2波段（nm）	λ_1波段（nm）	λ_2波段（nm）	最大值	最小值	平均值
N-DVI	454	502	B_{11}（457.34）	B_{15}（498.04）	0.001	−0.003	0.001 5
	428	623	B_8（426.82）	B_{27}（620.15）	0.001 8	−0.008 6	−0.007 2
	593	947	B_{24}（589.62）	B_{81}（952.82）	0.63	0.36	0.530 1
	736	956	B_{38}（732.07）	B_{81}（952.82）	0.26	0.15	0.232 3
N-RVI	439	623	B_9（436.99）	B_{27}（620.15）	0.41	1.42	0.852 6
	461	506	B_{11}（457.34）	B_{16}（508.22）	0.91	1.05	0.994 1
	538	965	B_{19}（538.74）	B_{82}（962.91）	9.50	15.6	13.101 1
	553	850	B_{20}（548.92）	B_{50}（854.18）	11.70	18.10	15.080 2
	550	740	B_{20}（548.92）	B_{39}（742.25）	6.56	9.98	8.520 4
	715	721	B_{36}（711.72）	B_{37}（721.90）	0.62	0.75	0.660 7
	552	730	B_{20}（548.92）	B_{38}（732.07）	0.11	0.23	0.159 2
	519	818	B_{17}（518.39）	B_{47}（823.65）	0.002	0.1	0.005 8
	539	970	B_{19}（538.74）	B_{83}（972.99）	9.55	15.6	13.332 6

根据表3-3中N-NDVI、N-DVI和N-RVI对应的Hyperion高光谱敏感波段，利用ENVI软件中Band Math功能进行波段运算，计算Hyperion相关波段

所对应的窄波段植被指数。在此基础上，利用研究区内冬小麦空间分布信息对相关波段构建的N-VIs进行掩膜处理，从而获得2014年覆盖影像内冬小麦孕穗期N-VIs空间信息。在此基础上，对2014年研究区覆盖影像内冬小麦孕穗期N-VIs最大值、最小值和平均值进行统计，结果如表3-3所示。由于篇幅限制，本研究仅列出冬小麦孕穗期Hyperion N-VIs结果中全部N-NDVI空间分布图作为示例，如图3-7所示。

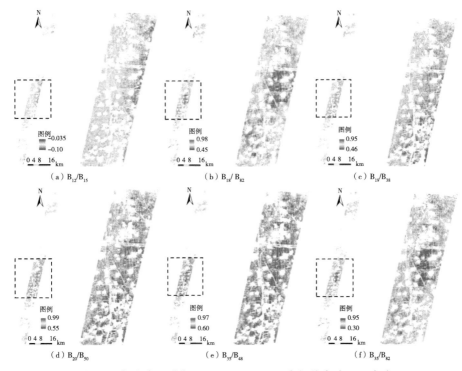

（a）B_{12}/B_{15} （b）B_{18}/B_{82} （c）B_{19}/B_{38}

（d）B_{20}/B_{50} （e）B_{35}/B_{48} （f）B_{35}/B_{82}

图3-7　冬小麦孕穗期Hyperion N-NDVI空间分布（2014年）

Fig. 3-7　Spatial results of Hyperion N-NDVI of winter wheat at booting stage（2014）

3.4.2.2　基于Hyperion的区域生物量反演结果及精度验证

在计算Hyperion对应窄波段植被指数基础上，根据地面实测生物量样方GPS信息提取相应点位的窄波段植被指数，并建立Hyperion窄波段植被指数与冬小麦地上干生物量间关系模型。最后，完成对所构建生物量反演模型的精度验证。由于Hyperion影像幅宽较窄，只覆盖了一部分试验区域，覆盖区域共包含25个地面实测点，本研究中用其中15个实测点数据进行遥感反演模型建立，

10个实测点数据进行反演精度验证，验证结果如表3-4所示。

依据3.2.3节中精度验证评价标准，由表3-4可以看出，基于N-NDVI冬小麦地上干生物量估算相对误差范围为12.65%～15.46%，归一化均方根误差范围为13.78%～16.73%。其中，以B_{18}（528.57nm）、B_{82}（962.91nm）波段构建的N-NDVI估算干生物量精度最高，R^2为0.720 6，RE、NRMSE分别为12.65%和13.78%；基于N-RVI冬小麦地上干生物量估算相对误差范围为12.77%～19.66%，归一化均方根误差范围为14.53%～18.95%。其中，以B_{36}（711.72nm）、B_{37}（721.90nm）波段构建的N-RVI估算干生物量精度最高，R^2为0.700 1，RE、NRMSE分别为12.77%和14.53%；基于N-DVI冬小麦地上干生物量估算相对误差范围为16.83%～20.81%，归一化均方根误差范围为18.90%～23.22%。其中，以B_{38}（732.07nm）、B_{81}（952.82nm）波段构建的N-DVI估算干生物量精度最高，R^2为0.692 4，RE、NRMSE分别为16.83%和18.90%。

表3-4　基于Hyperion N-VIs的区域冬小麦生物量估算精度（孕穗期，2014年）

Tab. 3-4　Accuracy of remote sensing estimated biomass based on Hyperion N-VIs（booting stage，2014）

Hyperion N-VIs 指标	Hyperion λ_1波段（nm）	Hyperion λ_2波段（nm）	拟合方程$y=cx+d$（n=15）	生物量精度验证（n=10）		
				R^2	RE（%）	NRMSE（%）
N-NDVI	B_{12}（467.52）	B_{15}（498.04）	$y=-155\ 502x-5\ 157.5$	0.443 4[**]	15.00	16.14
	B_{18}（528.57）	B_{82}（962.91）	$y=20\ 498x-8\ 917.4$	0.720 6[**]	12.65	13.78
	B_{19}（538.74）	B_{38}（732.07）	$y=23\ 302x-10\ 563$	0.553 1[**]	15.46	16.73
	B_{20}（548.92）	B_{50}（854.18）	$y=21\ 763x-11\ 579$	0.618 7[**]	14.36	16.06
	B_{35}（701.55）	B_{48}（833.83）	$y=23\ 837x-14\ 037$	0.513 2[**]	14.96	16.04
	B_{35}（701.55）	B_{82}（962.91）	$y=14\ 032x-3\ 769.3$	0.648 8[**]	14.21	15.59
N-DVI	B_{11}（457.34）	B_{15}（498.04）	$y=2\times10^6x+7\ 121.6$	0.660 9[**]	18.46	20.04
	B_8（426.82）	B_{27}（620.15）	$y=340\ 546x+6\ 565.7$	0.697 1[**]	19.15	19.88
	B_{24}（589.62）	B_{81}（952.82）	$y=23\ 362-36\ 804x$	0.538 7[**]	20.81	23.22
	B_{38}（732.07）	B_{81}（952.82）	$y=22\ 376-83\ 438x$	0.692 4[**]	16.83	18.90

（续表）

Hyperion N-VIs 指标	Hyperion λ_1波段（nm）	Hyperion λ_2波段（nm）	拟合方程$y=cx+d$（$n=15$）	生物量精度验证（$n=10$）		
				R^2	RE（%）	NRMSE（%）
N-RVI	B_9（436.99）	B_{27}（620.15）	$y=9\ 037.1x-3\ 405.3$	0.607 6**	16.16	17.16
	B_{11}（457.34）	B_{16}（508.22）	$y=66\ 860-63\ 359x$	0.574 0**	19.66	18.95
	B_{19}（538.74）	B_{82}（962.91）	$y=24\ 220-1\ 536.4x$	0.740 4**	14.07	15.22
	B_{20}（548.92）	B_{50}（854.18）	$y=22\ 490-1\ 230x$	0.690 3**	13.85	15.90
	B_{20}（548.92）	B_{39}（742.25）	$y=26\ 036-2\ 588.6x$	0.733 7**	15.17	15.14
	B_{36}（711.72）	B_{37}（721.90）	$y=72\ 284x-44\ 556$	0.700 1**	12.77	14.53
	B_{20}（548.92）	B_{38}（732.07）	$y=71\ 987x-7\ 282.1$	0.671 0**	16.83	18.50
	B_{17}（518.39）	B_{47}（823.65）	$y=93\ 288x+3\ 526.8$	0.718 6**	13.81	14.63
	B_{19}（538.74）	B_{83}（972.99）	$y=24\ 220-1\ 536.4x$	0.716 1**	13.22	14.76

注：拟合方程中x分别为Hyperion波段λ_1、λ_2构建的N-VI，y为对应N-VI拟合冬小麦地上干生物量（单位：kg/hm²）；**表示通过0.01显著性检验。

可见，基于Hyperion高光谱遥感数据的窄波段植被指数在区域冬小麦孕穗期干生物量反演中获得了较好的精度结果，根据本研究精度评价标准，其总体精度由大到小为N-NDVI、N-RVI、N-DVI。受篇幅限制，本研究仅列出N-NDVI、N-RVI和N-DVI中精度最高的冬小麦地上干生物量反演结果，具体干生物量结果和相关验证如图3-8至图3-10所示。其中，根据本研究采用精度最高结果作为区域冬小麦地上干生物量反演结果的规则，本研究最终采用B_{18}（528.57nm）和波段B_{82}（962.91nm）构建的Hyperion N-NDVI最高精度生物量估算结果作为区域冬小麦孕穗期干生物量反演结果，即RE、NRMSE分别为12.65%和13.78%，如图3-8所示。

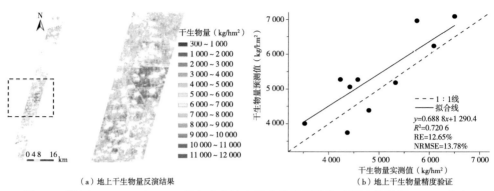

（a）地上干生物量反演结果　　　　　　（b）地上干生物量精度验证

图3-8　基于Hyperion N-NDVI的冬小麦地上干生物量反演和验证（孕穗期，2014年）

Fig. 3-8　Result of ADBM of winter wheat and their validation based on Hyperion N-NDVI
（booting stage，2014）

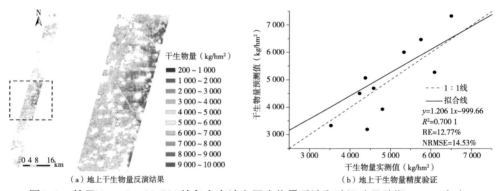

（a）地上干生物量反演结果　　　　　　（b）地上干生物量精度验证

图3-9　基于Hyperion N-RVI的冬小麦地上干生物量反演和验证（孕穗期，2014年）

Fig. 3-9　Result of ADBM of winter wheat and their validation based on Hyperion N-RVI
（booting stage，2014）

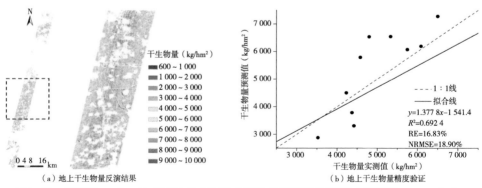

（a）地上干生物量反演结果　　　　　　（b）地上干生物量精度验证

图3-10　基于Hyperion N-DVI的冬小麦地上干生物量反演和验证（孕穗期，2014年）

Fig. 3-10　Result of ADBM of winter wheat and their validation based on Hyperion N-DVI
（booting stage，2014）

3.5 本章小结

（1）在分析冠层高光谱构建的窄波段植被指数（N-VIs）与冬小麦地上干生物量间相关性基础上，提出了通过确定拟合精度（R^2）极大值区域重心，从而确定窄波段植被指数对冬小麦干生物量敏感的波段中心。在此基础上，以敏感波段中心筛选结果为指导，应用估算生物量精度最高的植被指数对应的相关波段开展Hyperion高光谱遥感区域冬小麦干生物量遥感反演和精度验证研究。通过与实测冬小麦地上干生物量对比，基于冠层高光谱作物生物量敏感波段优选和窄波段植被指数的Hyperion高光谱遥感影像区域冬小麦干生物量估算取得了较好结果，证明本研究方法具有一定可行性。

（2）在冠层高光谱N-VIs与冬小麦干生物量间拟合R^2二维图基础上，通过计算N-VIs与作物地上干生物量间拟合精度R^2二维区域极大值区域重心，分别确定了基于N-VIs的作物地上干生物量反演的高光谱敏感波段中心。通过计算可知，冠层高光谱N-NDVI与干生物量的敏感波段中心为（840nm，387nm）、（500nm，465nm）、（963nm，527nm）、（859nm，543nm）、（729nm，538nm）、（962nm，701nm）、（829nm，699nm）、（718nm，717nm）；冠层高光谱N-DVI与干生物量的敏感波段中心为（502nm，454nm）、（623nm，428nm）、（947nm，593nm）、（956nm，736nm）；冠层高光谱N-RVI与干生物量的敏感波段中心为（439nm，623nm）、（506nm，461nm）、（538nm，965nm）、（553nm，850nm）、（550nm，740nm）、（721nm，715nm）、（730nm，552nm）、（818nm，519nm）、（970nm，539nm）。

（3）在冠层高光谱反演作物生物量敏感波段中心指导下，基于孕穗期Hyperion高光谱遥感数据的窄波段植被指数在区域冬小麦孕穗期干生物量反演中获得了较为满意的精度结果，其总体精度由大到小为N-NDVI、N-RVI、N-DVI。其中，以波段B_{18}（528.57nm）、波段B_{82}（962.91nm）构建的Hyperion N-NDVI估算区域冬小麦地上干生物量精度最高，相对误差（RE）和归一化均方根误差（NRMSE）分别为12.65%和13.78%。

（4）本研究中，敏感波段中心确定方法或过程有待进一步完善。首先，在敏感波段中心筛选过程中，拟合精度通过线性模型得出，下一步有必要利用非线性模型开展敏感波段选择研究；其次，目前本研究只应用了NDVI、DVI

和RVI等常见植被指数，其他多波段构成的复杂植被指数（如三角叶绿素植被指数TCI、增强型植被指数EVI等）敏感波段中心筛选工作有待进一步开展。此外，本方法与直接采用极大值点进行高光谱遥感卫星敏感波段选择相比，作物生物量反演精度间差异对比也是下一步研究的重点之一。

（5）研究过程中，敏感波段指导高光谱遥感卫星应用存在一定不足，且试验中忽略了一些外部因素影响，如受数据质量或者遥感传感器自身特点等多因素影响，所选择卫星遥感数据波段与筛选出的冠层高光谱敏感波段在数量以及位置上难以一一对应，这使得在遥感反演过程中损失了部分植被指数，这可能会对研究结果产生一定影响。另外，目前本研究仅采用了冬小麦孕穗期1景Hyperion高光谱遥感卫星影像进行区域冬小麦地上干生物量反演研究，尽管能够满足本研究冬小麦生物量敏感波段中心确定方法验证和应用目标，且得到了基于Hyperion N-VIs区域冬小麦孕穗期地上生物量反演精度及其精度排序等应用结果，但利用其他关键生育期Hyperion影像窄波段植被指数进行农作物地上干生物量反演精度对比研究将是下一步深入开展的工作。

4 基于宽波段多光谱遥感的区域冬小麦生物量估算

在研究了地面高光谱构建的窄波段植被指数与冬小麦生物量敏感波段中心及其最优波段宽度的基础上，以所筛选的敏感波段中心作为指导，开展基于宽波段多光谱遥感数据的冬小麦生物量反演。其中，本章主要开展基于GF-1、Landsat 8 OLI多光谱遥感数据的冬小麦生物量反演。

4.1 研究区域

本章研究区（图4-1）位于中国北方粮食生产基地黄淮海平原区内河北衡水深州市（37.71°N～38.16°N，115.36°E～115.8°E）。该区域属于温带半湿润季风气候，大于0℃积温4 200～5 500℃，年累积辐射量为（5.0～5.2）×10^6kJ/m^2，无霜期为170～220d，年降水量平均为500～600mm。该区为一年两熟轮作制度，主要粮食作物为冬小麦、夏玉米。其中，冬小麦种植时间为9月下旬至10月上旬，返青时间为翌年2月下旬至3月上旬，拔节期为4月上旬至4月中旬，孕穗期为4月下旬，抽穗期为5月上旬，灌浆乳熟期为5月中旬至5月下旬，成熟期为6月上旬。

图4-1 研究区位置和地面调查样方

Fig. 4-1 Location of the study area and the distribution of ground survey samples

2014年在衡水区域11个县（市）内开展55个点样方成熟期生物量测定。

4.2 主要研究方法

4.2.1 技术路线

研究中，根据冠层高光谱作物生物量估算敏感波段中心所在波段位置，筛选该位置所对应的多光谱遥感数据中的波段，并利用筛选的波段构建植被指数，其中本章利用多光谱波段构建的植被指数为广义植被指数，不局限于现有植被指数的波段选择。通过构建遥感植被指数与生物量关系模型，比较分析估算精度高的指数，进而完成区域生物量遥感反演。同时，在宽波段遥感数据反演生物量时，根据遥感数据的光谱响应函数，以地面高光谱数据进行宽波段数据模拟并构建相应遥感植被指数。通过构建模拟遥感植被指数与生物量关系模型，完成生物量反演，并与遥感数据反演结果进行了对比分析，为冬小麦生物量遥感反演中波段宽度选取提供依据。主要技术路线如图4-2所示。

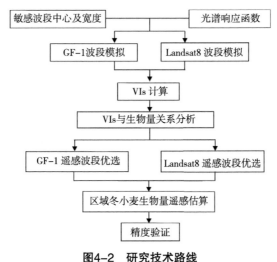

图4-2 研究技术路线

Fig. 4-2 Flowchart of the research

4.2.2 遥感植被指数确定

参照第2章构建的N-VIs与其波段选取，本章构建的遥感植被指数与第2章相同，分别为N-NDVI、N-DVI和N-RVI；在波段选择上，利用遥感波段构建的植被指数不局限于现有植被指数所固定的波段，因此，本章中遥感植被指数为广义植被指数。在确定遥感植被指数类别以及构建植被指数所用波段的基础上，开展以高光谱敏感波段为指导的宽波段遥感数据的冬小麦生物量反演。由于宽波段遥感数据的光谱分辨率要比高光谱数据低得多，因此，构建高光谱植被指数的两个高光谱敏感波段有可能在同一宽波段内，导致宽波段构建的植被指数在类别或数量上少于高光谱数据构建的植被指数。因此，本章在构建植被指数时，将处于同一宽波段内的高光谱敏感波段予以舍弃，最终，利用与高光谱敏感波段构建的植被指数相对应的宽波段进行植被指数构建，开展基于宽波段遥感数据的冬小麦生物量估算。

4.2.3 区域冬小麦生物量遥感反演

研究中，分别利用GF-1、Landsat 8多光谱数据进行区域冬小麦生物量遥感反演。GF-1和Landsat 8多光谱数据在冬小麦孕穗期、抽穗期、乳熟期和成熟期等关键生育期内均有影像获取，因此，本研究将GF-1和Landsat 8数据用于区域冬小麦关键生育期生物量遥感反演。

4.2.3.1 基于GF-1、Landsat 8的区域冬小麦生物量反演

研究过程中，基于GF-1、Landsat 8的冬小麦反演包括模拟遥感数据反演与真实数据反演两部分。首先，借助GF-1、Landsat 8光谱响应函数和地面高光谱数据进行遥感宽波段反射率模拟，构建相应植被指数进行冬小麦生物量估算；其次，直接利用宽波段数据进行植被指数构建和冬小麦生物量遥感反演。在综合比较分析GF-1、Landsat 8反演效果基础上，优选反演精度高的影像及遥感指数，完成区域冬小麦生物量反演。

（1）地面高光谱模拟遥感宽波段方法。在N-VI确定的最优波段宽度内，以地面高光谱结合GF-1、Landsat 8光谱响应函数，利用式（4-1）进行最优波段宽度内的宽波段模拟。

$$\rho = \frac{\sum_{i=1}^{n} S(\lambda_i) R(\lambda_i) \Delta\lambda}{\sum_{i=1}^{n} S(\lambda_i) \Delta\lambda} \qquad (4-1)$$

式中，ρ为宽波段卫星的模拟反射率，n为光谱响应函数的宽波段内响应点数，$S(\lambda_i)$为卫星传感器在i波长处的光谱响应函数值，$R(\lambda_i)$为地面高光谱i波长处的光谱反射率，$\Delta\lambda$为模拟宽波段反射率的波段宽度（陈拉等，2008；李粉玲等，2015）。

在确定敏感波段及最优波段宽度基础上，借助GF-1、Landsat 8光谱响应函数，利用式（4-1）在最优波段宽度内模拟多光谱波段反射率，利用模拟后的波段构建植被指数进行冬小麦生物量估算。在构建植被指数时，波段选取以第2章敏感波段对应波段为准，波段选择不局限于现有植被指数固定的波段组合。

（2）基于遥感宽波段的生物量反演。首先，在第2章确定的最优波段宽度基础上，确定对应GF-1、Landsat 8宽波段的波段范围，在对应波段范围内，借助光谱响应函数进行宽波段模拟，并以模拟的宽波段反射率数据进行植被指数构建，开展冬小麦生物量估算和相关精度验证、分析；其次，直接选择敏感波段中心及其最优波段宽度所在的波段，构建对应的植被指数进行区域冬小麦生物量遥感反演，并进行相关精度验证、分析。在综合对比分析生物量估算精度后，优选精度高的植被指数，完成区域冬小麦生物量高精度反演。

4.2.3.2 遥感植被指数与生物量关系模型建立

在筛选遥感数据波段以及构建的相应植被指数基础上，建立植被指数与实测生物量间线性模型，方程形式如式（4-2）所示。

$$y = ax + b \qquad (4\text{-}2)$$

式中，x为遥感植被指数（如N-NDVI、N-DVI、N-RVI等），y为冬小麦地上生物量（kg/hm^2），a为一次项系数，b为常数项。其中，基于GF-1、Landsat 8的区域冬小麦生物量反演，x、y分别为孕穗期、抽穗期和乳熟期等关键生育期的N-VIs和生物量。

4.2.4 精度验证

受遥感影像获取的限制，研究中，GF-1和Landsat 8主要用于成熟期区域冬小麦生物量估算。2014年衡水区域内冬小麦成熟期55个采样点数据主要用于GF-1和Landsat 8的区域冬小麦生物量遥感反演结果验证。由于区域调查点采样时间与遥感影像获取时间不完全相同，因此，本研究中构建区域采样点生物量时间拟合曲线，按照时间内插，获得与遥感影像时间相同的模拟观测数据，最后利用拟合后的区域调查数据进行验证。模型结果验证精度评价指标包括拟合精度（R^2），归一化均方根误差（NRMSE）和相对误差（RE）。具体公式见章节2.2.5。其中，当NRMSE和RE小于10%时，判断模拟结果精度为极好，NRMSE和RE大于10%小于20%时模拟结果为好，NRMSE和RE大于20%小于30%时模拟结果为中等，NRMSE和RE大于30%时模拟结果为差，判断标准优先考虑NRMSE值大小，其次为RE。

4.3　数据获取与准备

本研究所用数据主要包括冬小麦关键生育期干生物量、鲜生物量地面实测数据，冬小麦关键生育期冠层高光谱数据、GPS定位信息、高分一号卫星影像和Landsat 8遥感数据等。

4.3.1　地面数据采集与处理

4.3.1.1　样方布设与地面观测

地面数据包括衡水全境区域调查数据。该数据主要是2014年冬小麦样方数据成熟期的55个采样点的地上干生物量和鲜生物量数据，主要用于衡水市区域范围内生物量遥感反演结果精度验证。由于区域调查点与遥感影像获取时间不完全相同，因此，本研究中构建衡水市区域采样点地上生物量—时间（儒略日）拟合曲线，然后按照每日时间内插，获得与遥感影像日期相同的每个样点地上生物量模拟观测数据，最后利用拟合后的区域调查数据进行验证。

4.3.1.2　冬小麦实测地上生物量获取

在冬小麦关键生育期地上鲜生物量实地调查过程中，首先利用手持GPS仪对采样点进行准确定位，记录其经纬度信息；然后，分别收割样点中50cm×50cm采样框内冬小麦地上部分，装入保鲜袋，在试验室中对采样点冬小麦鲜生物量质量进行称量并记录，然后对冬小麦植株105℃杀青0.5h，并在80℃烘干至恒重（前后两次质量差≤5%），称得植株地上部干生物量。在此基础上计算采样点单位面积冬小麦生物量（kg/hm²）。

4.3.2　遥感数据获取与处理

本研究所用遥感数据包括高分一号（GF-1）及Landsat 8 OLI多光谱数据。其中，Landsat 8 OLI数据由美国地质勘探局（http://glovis.usgs.gov）网站下载获得，GF-1数据由中国资源卫星应用中心（http://www.cresda.com/CN）下载获得。

4.3.2.1　GF-1数据获取与处理

高分一号卫星是中国高分辨率对地观测系统的第一颗卫星，该卫星于2013年4月26日发射，太阳同步轨道，轨道高度为645km，幅宽为800km，其传感器分为2m分辨率全色/8m分辨率多光谱相机和16m分辨率多光谱宽幅相机两种类型，其中搭载2m/8m分辨率传感器2台，搭载16m分辨率传感器4台。本研究所用的数据为16m分辨率多光谱影像，传感器参数如表4-1所示。

GF-1卫星重访周期短，空间分辨率高，利于对冬小麦进行实时监测。本研究参考地面试验时间以及影像质量，分别获取了2014-4-14、2014-5-21、2014-6-7、2015-4-14和2015-5-25的GF影像。GF-1数据的预处理主要包括辐射定标、大气校正、正射校正、几何精校正，通过预处理得到了GF-1影像反射率数据。由于同时期影像难以覆盖整个研究区域，因此研究中对影像进行了拼接与裁剪，最终获得研究区域内反射率数据，为下一步区域冬小麦生物量反演提供数据支持。GF-1影像预处理前后对比如图4-3所示。

表4-1　高分一号卫星16m分辨率多光谱传感器参数

Tab. 4-1　Parameters of GF-1 16m resolution multispectral sensor

	波段	谱段范围（μm）	空间分辨率（m）	重访周期（d）
	蓝光	0.45 ~ 0.52		
GF-1多光谱相机参数	绿光	0.52 ~ 0.59	16	2
	红光	0.63 ~ 0.69		
	近红外	0.77 ~ 0.89		

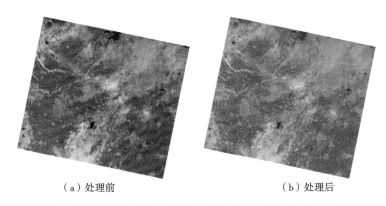

（a）处理前　　　　　　　　　　　（b）处理后

图4-3　GF-1影像（2014年4月14日）处理前后对比

Fig. 4-3　The comparison of GF-1 data between before and after preprocess（2014.4.14）

4.3.2.2　Landsat 8 OLI数据获取与处理

Landsat 8是美国陆地卫星计划（Landsat）的第8颗卫星。该卫星发射于2013年2月11日，太阳同步轨道，轨道高度705km，成像幅宽为185km×185km，搭载了运行陆地成像仪（Operational land imager，OLI）和热红外传感器（Thermal infrared sensor，TIRS）。本研究主要应用Landsat 8 OLI数据，具体参数见表4-2。

表4-2　Landsat 8 OLI传感器参数

Tab. 4-2　Parameters of Landsat 8 OLI sensor

	波段	谱段范围（μm）	空间分辨率（m）	重访周期（d）
	Band 1 Coastal（海岸波段）	0.433 ~ 0.453	30	
	Band 2 Blue（蓝波段）	0.450 ~ 0.515	30	
	Band 3 Green（绿波段）	0.525 ~ 0.600	30	
	Band 4 Red（红波段）	0.630 ~ 0.680	30	
Landsat 8（OLI）参数	Band 5 NIR（近红外波段）	0.845 ~ 0.885	30	16
	Band 6 SWIR 1（短波红外1）	1.560 ~ 1.660	30	
	Band 7 SWIR 2（短波红外2）	2.100 ~ 2.300	30	
	Band 8 Pan（全色波段）	0.500 ~ 0.680	15	
	Band 9 Cirrus（卷云波段）	1.360 ~ 1.390	30	

参考地面试验开展时间，分别获取了2014-4-13、2014-5-15、2015-4-16、2015-5-18和2015-6-3的Landsat 8影像。Landsat 8数据预处理主要包括辐射定标、大气校正和几何精校正，最终获取研究区区域范围内反射率信息。Landsat 8影像预处理前后对比如图4-4所示。

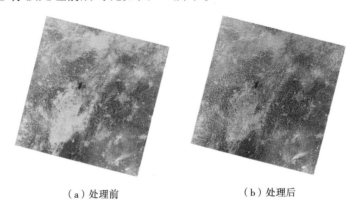

（a）处理前　　　　　　　　　（b）处理后

图4-4　Landsat 8影像（2014年4月13日）处理前后对比

Fig. 4-4　The comparison of Landsat 8 data between before and after preprocess（2014.4.13）

4.3.3　其他辅助数据

本研究中涉及其他辅助数据包括研究区作物分布图、作物物候信息、行政边界（县级、市级、省级）以及GF-1、Landsat 8光谱响应函数（图4-5）等。其中行政边界数据由国家基础地理信息中心获得；高精度作物分布图由农业农村部农业信息技术重点实验室提供，该数据由16m空间分辨率GF-1遥感数据通过目视解译获得。

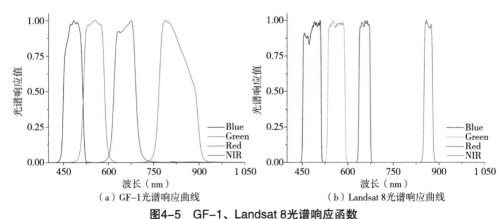

（a）GF-1光谱响应曲线　　　　　　（b）Landsat 8光谱响应曲线

图4-5　GF-1、Landsat 8光谱响应函数

Fig. 4-5　The curves of GF-1 and Landsat 8 spectral response function

4.4 结果与分析

4.4.1 基于GF-1的区域冬小麦生物量遥感反演

本节主要包括两部分,第一部分利用GF-1光谱响应函数,在敏感波段最优波段宽度内模拟GF-1宽波段反射率,构建植被指数进行冬小麦生物量估算;第二部分根据敏感波段中心位置对应的宽波段,利用GF-1波段构建植被指数进行冬小麦生物量遥感反演。

利用地面高光谱及GF-1光谱响应函数模拟宽波段反射率的详细方法及流程见章节4.2.3;基于GF-1宽波段数据的冬小麦生物量遥感估算流程与第3章中基于Hyperion数据的冬小麦生物量遥感估算相类似。利用选择出的敏感波段中心所在的宽波段构建植被指数,进行冬小麦生物量遥感反演并对反演结果进行精度验证。

4.4.1.1 GF-1遥感波段选取与VIs计算

(1)GF-1波段选取。基于第2章窄波段植被指数估算冬小麦生物量确定的高光谱敏感波段中心的结果,根据不同植被指数分别确定敏感波段中心所对应的GF-1波段。对于构建植被指数的两个波段中心出现在同一GF-1波段的情况予以舍弃处理。表4-3展示了基于N-NDVI、N-DVI和N-RVI估算冬小麦生物量的敏感波段中心对应的GF-1波段。由于GF-1宽波段数据的波段宽度要比地面高光谱以及Hyperion数据宽得多,因此构建窄波段植被指数的两个敏感波段在同一宽波段内的可能性较Hyperion数据要大得多,所以选出的波段组合相对较少。如表4-3中,干生物量估算中只有N-NDVI和N-RVI两个指数,没有N-DVI,鲜生物量估算中只有N-DVI和N-RVI,没有N-NDVI,这主要是因为,针对干生物量构建高光谱N-DVI以及针对鲜生物量构建高光谱N-NDVI的两个波段,处在宽波段的同一波段,因此宽波段无法构建相应植被指数,研究中对这一情况进行了舍弃处理。这一现象同样出现在Landsat 8数据中。

由表4-3可知,地面高光谱波段宽度与GF-1波段宽度并非严格一致。为了便于利用光谱响应函数模拟GF-1波段反射率,当地面高光谱波段宽度超出遥感波段宽度时,只保留遥感波段宽度部分;当地面高光谱波段宽度在遥感波段宽度内时,只应用地面高光谱波段宽度。

表4-3　基于冠层高光谱N-VIs的最优波段宽度与GF-1遥感波段范围对应关系

Tab. 4-3　Correspondence between optimal canopy hyperspectral band widths based on N-VIs and GF-1 band position

		地面高光谱波段（nm）		GF-1波段范围（nm）	
		λ_1	λ_2	B_1	B_2
干生物量	N-NDVI	520 ~ 566	836 ~ 882	520 ~ 566	836 ~ 882
		679 ~ 719	809 ~ 849	679 ~ 690	809 ~ 849
	N-RVI	513 ~ 593	810 ~ 890	520 ~ 590	810 ~ 890
		775 ~ 861	476 ~ 562	775 ~ 861	476 ~ 520
鲜生物量	N-DVI	769 ~ 867	565 ~ 663	770 ~ 867	563 ~ 590
		724 ~ 918	637 ~ 831	770 ~ 890	637 ~ 690
	N-RVI	508 ~ 594	822 ~ 908	520 ~ 590	822 ~ 890
		642 ~ 788	793 ~ 939	642 ~ 690	793 ~ 890
		660 ~ 792	705 ~ 837	660 ~ 690	770 ~ 837

（2）GF-1遥感植被指数计算。由表4-3可得到对应于高光谱敏感波段的GF-1波段，并计算GF-1所对应的植被指数。如图4-6所示，本研究列出了3张植被指数空间分布图，分别展示了由2014年4月14日GF-1近红外、红光构建的N-NDVI，近红外、红光构建的N-DVI以及近红外、绿光构建的N-RVI。其中，N-NDVI取值范围在0.02 ~ 0.85，N-DVI取值范围在0.01 ~ 0.55，N-RVI取值范围在1 ~ 12。由图4-6可以看出，VIs数值在衡水市中部相对较大，而衡水地区北部和南部相对较小。

4.4.1.2　基于GF-1的区域生物量反演及精度验证

（1）基于模拟GF-1波段的冬小麦生物量估算。根据表4-3中所示的地面高光谱波段，利用GF-1光谱响应函数，模拟地面高光谱波段所对应的星上反射率，并以模拟的反射率数据构建对应的植被指数，进行冬小麦生物量遥感反演。具体反演结果验证如表4-4所示。

由表4-4可知，利用光谱响应函数模拟的GF-1波段反演冬小麦生物量的精度达到了较高的水平。其中，干生物量反演中，520 ~ 590nm和810 ~ 890nm模拟GF-1反射率构建的N-RVI反演冬小麦干生物量拟合精度（R^2）达到了0.729 2，RE和NRMSE分别为11.59%和11.85%；冬小麦鲜生物量反演中，

642～690nm和793～890nm模拟GF-1反射率构建的N-RVI反演鲜生物量拟合精度（R^2）达到了0.712 4，RE和NRMSE分别为8.33%和10.38%。

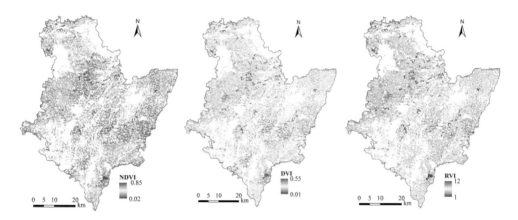

图4-6　基于GF-1遥感的不同植被指数空间分布（2014年4月14日）

Fig. 4-6　Spatial distributions of different vegetation indices based on GF-1（2014.4.14）

表4-4　基于模拟GF-1 N-VIs的关键生育期生物量估算精度

Tab. 4-4　Accuracy of estimated biomass in the key growing period based on simulated N-VIs of GF-1

		模拟GF-1波段（nm）		拟合方程y=ax+b	生物量验证精度		
		λ_1	λ_2		R^2	RE（%）	NRMSE（%）
干生物量	N-NDVI	520～566	836～882	$y=-50\,983x+52\,127$	0.705 7[**]	14.93	14.74
		679～690	809～849	$y=-39\,000x+44\,643$	0.670 0[**]	17.69	17.26
	N-RVI	520～590	810～890	$y=-1\,030x+21\,785$	0.729 2[**]	11.59	11.85
		775～861	476～520	$y=114\,739x+3\,887.8$	0.699 6[**]	14.15	16.70
鲜生物量	N-DVI	770～867	563～590	$y=65\,121x+21\,819$	0.629 4[**]	10.44	13.20
		770～890	637～690	$y=62\,698x+21\,823$	0.619 9[**]	10.37	12.72
	N-RVI	520～590	822～890	$y=2\,011.2x+23\,181$	0.710 7[**]	8.58	11.08
		642～690	793～890	$y=742.68x+30\,932$	0.712 4[**]	8.33	10.38
		660～690	770～837	$y=720.56x+31\,219$	0.708 2[**]	8.44	10.48

注：拟合方程中x为模拟GF-1波段λ_1、λ_2构建的N-VI，y为拟合冬小麦生物量（单位：kg/hm²）。

（2）基于宽波段GF-1的区域生物量遥感反演。利用GF-1宽波段反演冬小麦生物量，首先，对预处理后的遥感影像进行反射率提取，根据地面试验点以及地面调查统计点的GPS信息，精确提取遥感影像像元内的反射率；其次，以宽波段建立的与敏感波段相对应的植被指数进行生物量遥感反演；最后，进行生物量反演结果精度验证。

根据表4-3高光谱波段所处的GF-1波段，直接运用宽波段进行波段运算，计算与窄波段植被指数相对应的植被指数进行生物量反演，具体波段选择如表4-5所示。

表4-5　基于冠层高光谱N-VIs的最优波段宽度与GF-1遥感波段对应关系

Tab. 4-5　Correspondence between optimal canopy hyperspectral band widths based on N-VIs and GF-1 band

		地面高光谱波段（nm）		对应GF-1波段	
		λ_1	λ_2	B_1	B_2
干生物量反演	N-NDVI	520 ~ 566	836 ~ 882	G	N
		679 ~ 719	809 ~ 849	R	N
	N-RVI	513 ~ 593	810 ~ 890	G	N
		775 ~ 861	476 ~ 562	N	B
鲜生物量反演	N-DVI	769 ~ 867	565 ~ 663	N	G
		724 ~ 918	637 ~ 831	N	R
	N-RVI	508 ~ 594	822 ~ 908	G	N
		642 ~ 788	793 ~ 939	R	N
		660 ~ 792	705 ~ 837	R	N

注：B、G、R、N分别表示宽波段Blue、Green、Red和NIR波段，下同。

根据表4-5选定的宽波段，以宽波段直接构建植被指数进行冬小麦生物量反演。由于GF-1数据具有较大的幅宽，因此反演过程中，加入了覆盖整个衡水地区的55个地面调查点，进行反演结果精度验证，如表4-6所示。

表4-6 基于GF-1 N-VIs的关键生育期区域生物量遥感估算精度

Tab. 4-6 Accuracy of estimated biomass by remote sensing in the key growing period based on N-VIs of GF-1

		GF-1波段		拟合方程$y=ax+b$	生物量精度验证		
		B_1	B_2		R^2	RE（%）	NRMSE（%）
干生物量反演	N-NDVI	G	N	$y=-53\,938x+42\,423$	0.642 1**	14.20	18.36
		R	N	$y=-21\,683x+24\,212$	0.617 8**	13.38	18.66
	N-RVI	G	N	$y=-4\,421.8x+28\,533$	0.682 1**	10.31	15.07
		N	B	$y=86\,487x-7\,876.6$	0.288 6**	31.79	36.28
鲜生物量反演	N-DVI	N	G	$y=81\,085x+18\,917$	0.618 3**	14.86	16.51
		N	R	$y=64\,957x+22\,357$	0.598 2**	15.18	16.97
	N-RVI	G	N	$y=11\,445x-3\,821.8$	0.697 2**	13.48	14.06
		R	N	$y=3\,380.1x+22\,743$	0.666 4**	15.80	15.92

注：拟合方程中x为GF-1波段λ_1、λ_2构建的N-VI，y为拟合冬小麦生物量（kg/hm^2）。

由表4-6可以看出，GF-1宽波段反射率构建的植被指数在冬小麦生物量反演应用中，反演结果良好。在冬小麦生物量遥感反演中，N-RVI表现最好。利用GF-1数据，绿光、近红外波段构建的N-RVI反演冬小麦干生物量的拟合精度（R^2）达到了0.682 1，RE、NRMSE分别为10.31%和15.07%；利用绿光、近红外波段构建的N-RVI反演鲜生物量的拟合精度（R^2）达到了0.697 2，RE、NRMSE分别为13.48%和14.06%。本研究利用上述宽波段构建的植被指数，借助GF-1影像实现衡水地区冬小麦成熟期生物量遥感反演，具体结果如图4-7所示，精度验证如图4-8所示。

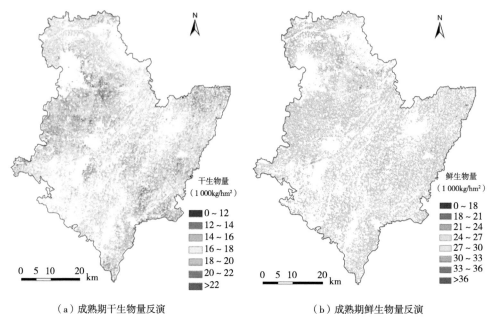

（a）成熟期干生物量反演　　　　　　　　（b）成熟期鲜生物量反演

图4-7　GF-1 N-RVI的区域冬小麦生物量遥感反演（成熟期）

图4-7　Remote sensing inversion of winter wheat biomass based on GF-1 N-RVI
in mature period

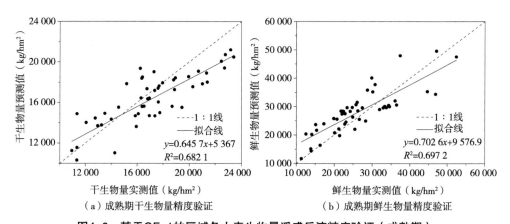

（a）成熟期干生物量精度验证　　　　　　　（b）成熟期鲜生物量精度验证

图4-8　基于GF-1的区域冬小麦生物量遥感反演精度验证（成熟期）

Fig. 4-8　Validation results of remote sensing inversion of winter wheat biomass in mature
period based on GF-1

4.4.2　基于Landsat 8的区域冬小麦生物量遥感反演

本节主要包括两部分，第一部分利用Landsat 8 OLI光谱响应函数模拟

Landsat 8 OLI宽波段反射率，构建植被指数进行冬小麦生物量估算；第二部分根据敏感波段中心位置对应的宽波段，利用Landsat 8 OLI波段构建植被指数进行冬小麦生物量遥感反演。

4.4.2.1 Landsat 8遥感波段选取与VIs计算

（1）Landsat 8遥感波段选取。基于窄波段植被指数估算冬小麦生物量确定的高光谱敏感波段中心，根据不同植被指数分别确定敏感波段中心所对应的Landsat 8波段。对于构建植被指数的两个波段中心出现在同一Landsat 8波段的情况予以舍弃处理。表4-7分别展示了基于N-NDVI、N-DVI和N-RVI估算冬小麦生物量的敏感波段中心对应的Landsat 8波段。

表4-7 基于冠层高光谱N-VIs的最优波段宽度与Landsat 8遥感波段范围对应关系

Tab. 4-7 Correspondence between optimal canopy hyperspectral optimal band widths based on N-VIs and Landsat 8 band position

		地面高光谱波段（nm）		Landsat 8波段范围（nm）	
		λ_1	λ_2	B_1	B_2
干生物量	N-NDVI	520~566	836~882	525~566	836~882
		679~719	809~849	679~680	845~849
	N-RVI	513~593	810~890	525~600	845~885
		775~861	476~562	845~861	476~515
鲜生物量	N-DVI	769~867	565~663	845~867	565~600
		724~918	637~831	845~885	637~680
	N-RVI	508~594	822~908	525~594	845~885
		642~788	793~939	642~680	845~885
		660~792	705~837		

由表4-7可知，地面高光谱波段宽度与Landsat 8波段宽度并非严格一致。为了便于利用光谱响应函数模拟Landsat 8波段反射率，当地面高光谱波段宽度超出遥感波段宽度时，只保留遥感波段宽度部分；当地面高光谱波段宽度在遥感波段宽度内时，只应用地面高光谱波段宽度。

（2）Landsat 8遥感植被指数计算。由表4-7可得到对应于高光谱敏感波段的Landsat 8波段，并计算Landsat 8所对应的植被指数。如图4-9所示，本研究列出了3张植被指数空间分布图，分别展示了由2014年4月13日Landsat 8近红外、红光构建的NDVI，近红外、红光构建的DVI以及近红外、红光构建的RVI。其中，NDVI取值范围在0.01～0.96，DVI取值范围在0.00～0.72，RVI取值范围在1～15。

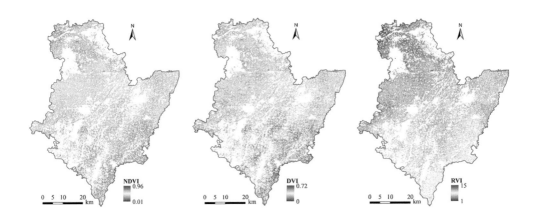

图4-9　基于Landsat 8遥感的不同植被指数空间分布（2014年4月13日）

Fig. 4-9　Spatial distributions of different vegetation indices based on Landsat 8
（2014.4.13）

4.4.2.2　基于Landsat 8的区域生物量反演及精度验证

（1）基于模拟Landsat 8波段的冬小麦生物量估算。根据表4-7中所示的地面高光谱波段，利用Landsat 8光谱响应函数，模拟地面高光谱波段所对应的星上反射率，并以模拟的反射率数据构建对应的植被指数，进行冬小麦生物量遥感反演。具体反演结果验证如表4-8所示。

由表4-8可知，利用光谱响应函数模拟的Landsat 8 OLI波段反演冬小麦生物量的精度达到了较高的水平。其中，干生物量反演中525～600nm和845～885nm模拟Landsat 8 OLI反射率构建的N-RVI反演冬小麦干生物量拟合精度（R^2）达到了0.702 8，RE和NRMSE分别为13.44%和13.47%；冬小麦鲜生物量反演中，525～594nm和845～885nm模拟Landsat 8 OLI反射率构建的N-RVI反演鲜生物量拟合精度（R^2）达到了0.712 6，RE和NRMSE分别为10.15%和11.22%。

表4-8 基于模拟Landsat 8 N-VIs的关键生育期生物量估算精度

Tab. 4-8 Accuracy of estimated biomass in the key growing period based on simulated N-VIs of Landsat 8

		模拟Landsat 8波段（nm）		拟合方程 $y=ax+b$	生物量验证精度		
		λ_1	λ_2		R^2	RE（%）	NRMSE（%）
干生物量	N-NDVI	525～566	836～882	$y=-49\,574x+50\,587$	0.699 9**	14.77	15.35
		679～680	845～849	$y=-41\,319x+47\,023$	0.657**	18.50	18.20
	N-RVI	525～600	845～885	$y=1\,016.5x+21\,615$	0.702 8**	13.44	13.47
		845～861	476～515	$y=122\,297x+3\,718.9$	0.695 9**	15.57	15.64
鲜生物量	N-DVI	845～867	565～600	$y=64\,581x+21\,326$	0.619 5**	12.52	13.49
		845～885	637～680	$y=62\,412x+21\,377$	0.611 4**	13.22	14.53
	N-RVI	525～594	845～885	$y=1\,997.4x+23\,429$	0.712 6**	10.15	11.22
		642～680	845～885	$y=739.52x+30\,857$	0.712 2**	10.21	11.55

注：拟合方程中x为模拟Landsat 8波段λ_1、λ_2构建的N-VI，y为拟合冬小麦生物量（kg/hm²）。

（2）基于宽波段Landsat 8 OLI的区域生物量遥感反演。利用Landsat 8 OLI宽波段反演冬小麦生物量，首先，对预处理后的遥感影像进行反射率提取，根据地面试验点以及地面调查统计点的GPS信息，精确提取遥感影像像元内的反射率；其次宽波段建立的与敏感波段相对应的植被指数进行生物量遥感反演；最后，进行生物量反演结果精度验证。根据表4-9所示高光谱波段所处的Landsat 8 OLI波段，直接运用宽波段进行波段运算，计算与窄波段植被指数相对应的植被指数进行生物量反演。

表4-9　基于冠层高光谱N-VIs的最优波段宽度与Landsat 8遥感波段对应关系

Tab. 4-9　Correspondence between optimal canopy hyperspctral band widths based on N-VIs and Landsat 8 band

		地面高光谱波段（nm）		对应Landsat 8波段	
		λ_1	λ_2	B_1	B_2
干生物量反演	N-NDVI	520～566	836～882	G	N
		679～719	809～849	R	N
	N-RVI	513～593	810～890	G	N
		775～861	476～562	N	B
鲜生物量反演	N-DVI	769～867	565～663	N	G
		724～918	637～831	N	R
	N-RVI	508～594	822～908	G	N
		642～788	793～939	R	N
		660～792	705～837	R	N

由表4-9可以看出，地面高光谱波段宽度所对应的Landsat 8波段与对应的GF-1波段是相同的，这主要由于Landsat 8与GF-1在波段设置上的相似性造成的。根据上表选定的宽波段，以宽波段直接构建植被指数进行冬小麦生物量反演，其中，建模数据以及验证数据与GF-1所用相同，验证结果如表4-10所示。

表4-10　基于Landsat 8 N-VIs的关键生育期区域生物量遥感估算精度

Tab. 4-10 Accuracy of estimated biomass by remote sensing in the key growing period based on Landsat 8 N-VIs

		Landsat 8波段		拟合方程$y=ax+b$	生物量精度验证		
		B_1	B_2		R^2	RE（%）	NRMSE（%）
干生物量反演	N-NDVI	G	N	$y=-45\ 746x+44\ 857$	0.542 8[**]	22.62	19.87
		R	N	$y=-44\ 453x+45\ 124$	0.602 2[**]	13.06	17.73
	N-RVI	G	N	$y=-1\ 869.1x+25\ 287$	0.638 3[**]	12.70	15.74
		N	B	$y=-422.61x+16\ 784$	0.279[**]	29.03	39.28

（续表）

		Landsat 8波段		拟合方程y=ax+b	生物量精度验证		
		B_1	B_2		R^2	RE（%）	NRMSE（%）
鲜生物量反演	N-DVI	N	G	$y=144\ 984x-7\ 712$	$0.593\ 4^{**}$	16.28	18.54
		N	R	$y=145\ 744x-9\ 065$	$0.637\ 8^{**}$	15.76	17.72
	N-RVI	G	N	$y=4\ 497.7x+7\ 654.1$	$0.599\ 5^{**}$	15.50	17.60
		R	N	$y=2\ 986.9x+14\ 541$	$0.709\ 8^{**}$	12.83	14.84

注：拟合方程中x为Landsat 8波段λ₁、λ₂构建的N-VI，y为拟合冬小麦生物量（kg/hm²）。

由表4-10可以看出，Landsat 8 宽波段反射率构建的植被指数在冬小麦生物量反演应用中，效果较好。在冬小麦生物量遥感反演中，N-RVI表现最好，利用Landsat 8遥感数据绿光、近红外波段构建的N-RVI反演冬小麦干生物量的拟合精度（R^2）为0.638 3，RE、NRMSE分别为12.70%和15.74%；利用Landsat 8遥感数据红光、近红外波段构建的N-RVI反演鲜生物量的拟合精度（R^2）为0.709 8，RE、NRMSE分别为12.83%和14.84%。本研究利用上述宽波段构建的植被指数借助Landsat 8影像实现衡水地区冬小麦成熟期生物量遥感反演，具体结果如图4-10所示，验证精度如图4-11所示。

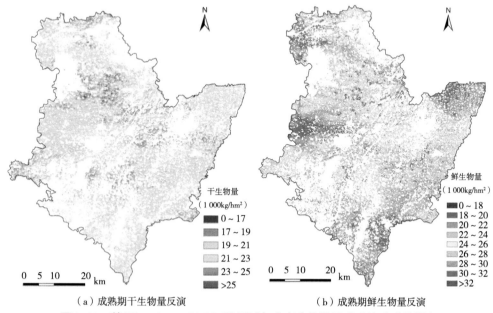

（a）成熟期干生物量反演　　　　　　（b）成熟期鲜生物量反演

图4-10　基于Landsat 8 N-RVI的区域冬小麦生物量遥感反演（成熟期）

Fig. 4-10　Remote sensing inversion of winter wheat biomass based on Landsat 8 N-RVI in mature period

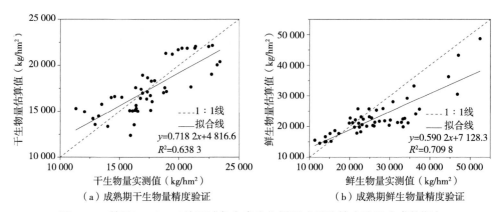

（a）成熟期干生物量精度验证　　　　（b）成熟期鲜生物量精度验证

图4-11　基于Landsat 8的区域冬小麦生物量遥感反演精度验证（成熟期）

Fig. 4-11　Validation results of remote sensing inversion of winter wheat biomass in mature period based on Landsat 8

4.5　本章小结

本研究基于敏感波段中心最优波段宽度开展冬小麦生物量遥感反演，利用GF-1、Landsat 8 OLI宽波段数据完成区域冬小麦进行生物量反演，主要结论如下。

（1）利用最优波段宽度和GF-1、Landsat 8光谱响应函数进行GF-1、Landsat 8宽波段模拟，进而开展基于宽波段的生物量反演。结果表明，基于模拟宽波段构建的N-RVI的反演精度最高且GF-1宽波段反演精度好于模拟的Landsat 8宽波段。其中，以520~590nm和810~890nm模拟GF-1反射率构建的N-RVI反演冬小麦干生物量拟合精度（R^2）达到了0.729 2，RE和NRMSE分别为11.59%和11.85%，以525~600nm和845~885nm模拟Landsat 8 OLI反射率构建的N-RVI反演冬小麦干生物量拟合精度（R^2）达到了0.702 8，RE和NRMSE分别为13.44%和13.47%；以642~690nm和793~890nm模拟GF-1反射率构建的N-RVI反演鲜生物量拟合精度（R^2）达到了0.712 4，RE和NRMSE分别为8.33%和10.38%，以525~594nm和845~885nm模拟Landsat 8 OLI反射率构建的N-RVI反演鲜生物量拟合精度（R^2）达到了0.712 6，RE和NRMSE分别为10.15%和11.22%。

（2）本章基于最优波段宽度选取GF-1、Landsat 8波段，建立相应N-VI进行冬小麦生物量反演。结果表明，基于宽波段建立的RVI反演精度最高，其中，GF-1反演冬小麦干生物量精度（R^2）为0.682 1，RE和NRMSE分别为10.31%

和15.07%，反演鲜生物量精度（R^2）为0.697 2，RE和NRMSE分别为13.48%和14.06%；Landsat 8反演冬小麦干生物量精度（R^2）为0.638 3，RE和NRMSE分别为12.70%和15.74%，反演鲜生物量精度R^2为0.709 8，RE和NRMSE分别为12.83%和14.84%。

（3）以地面模拟的GF-1、Landsat 8反射率进行冬小麦生物量估算，效果好于直接应用GF-1、Landsat 8宽波段数据，这在一定程度上说明大气效应对遥感反演作物参数的影响；对照GF-1、Landsat 8宽波段估算结果，GF-1估算效果略好于Landsat 8，这在一定程度上说明GF-1高空间分辨率在作物参数反演中的积极作用，也表明GF-1在作物参数反演中具有一定的应用潜力。

（4）在冬小麦生物量反演中，利用地面模拟宽波段数据以及GF-1、Landsat 8宽波段数据构建的N-RVI模型，估算精度均高于构建的N-NDVI和N-DVI模型，说明利用N-RVI建立冬小麦关键生育期估算模型有一定的科学性和有效性。此外，模拟宽波段遥感数据反演生物量精度要明显高于GF-1、Landsat 8宽波段生物量反演精度，在一定程度上说明大气效应对遥感反演精度的影响；对比GF-1与Landsat 8区域生物量反演精度结果，与Landsat 8对比，高空间分辨率GF-1遥感数据在区域生物量遥感反演中具有更佳的表现和优势。

（5）本研究中，作物生物量反演敏感波段及最优波段宽度指导宽波段应用存在一定不足。首先，在所选取的敏感波段宽度中，有些波段宽度与遥感数据的波段不能对应，这在一定程度上影响了最优波段宽度实际效果的发挥；其次，遥感数据波段构建的植被指数与敏感波段对应的植被指数在数量以及位置上难以一一对应，这使得在遥感反演过程中损失了部分植被指数；最后，GF-1与Landsat 8在波段设置上存在差异（近红外差异最大），这在一定程度上可能影响最终的反演结果。针对以上问题，有待开展进一步的研究，更细致地分析光谱间差异，从而进一步提高生物量反演精度。

（6）本研究忽略了一些外部因素影响，如由于GF-1和Landsat 8遥感数据过境时间的不同，获得的遥感影像之间也存在一定时间差，这也为评价遥感数据间反演精度差异造成了一些不确定影响。从未来研究角度看，本研究目前尚未进行不同空间分辨率、不同光谱分辨率遥感数据对区域生物量反演精度间的差异和结果的不确定性研究，因此，开展遥感数据空间分辨率、光谱分辨率差异对作物参数反演精度影响以及反演结果尺度转换关系等也是未来研究的重要内容。

5 基于净初级生产力的冬小麦生物量估算

作物生物量是表征作物群体长势和生长状况的重要参数之一。及时、准确地获取大范围农作物生物量信息对于国家相关部门进行作物产量估算、作物长势监测、作物田间管理与调控等都具有重要的意义。此外，农作物生物量信息对于研究碳循环、生物质能源利用、农田生态系统中能量平衡和养分循环等研究也具有重要的价值（Liao et al.，2004；Delphine et al.，2009；Jiang et al.，2012；Dong et al.，2017；戴小华和余世孝，2004）。传统的作物生物量估测方法采用实测法，不仅耗时耗力，而且对样地具有破坏性，不适合在大范围内进行应用。随着遥感技术的发展，由于该技术具有快速、准确、覆盖范围大、对作物零破坏等优势，遥感逐步成为大范围生物量估算的主要技术手段。从前人利用遥感技术进行作物生物量估算的研究进展看，遥感支持下的作物生物量方法主要分为基于传统简单统计分析的估算方法、基于高光谱数据的估算方法、基于雷达数据的估算方法、基于作物生长模型的估算方法、基于净初级生产力（Net primary productivity，NPP）的估算方法等（杜鑫等，2010；Du et al.，2015；王渊博等，2016）。其中，基于NPP的生物量估算方法得到了较为广泛的应用（Zheng et al.，2016；刘真真等，2017）。

目前，常见的NPP估算模型和方法主要包括气候相关模型、生理生态过程模型、光能利用率模型和生态遥感耦合模型（朱文泉等，2005）。气候相关模型代表模型包括Miami模型、Chikugo模型、Thornthwaite Memorial模型等，这类模型主要利用气候因子（如温度、降水和太阳辐射等）来估算作物NPP，且一般模拟潜在净初级生产力（朱文泉等，2005；周广胜等，1998；陈利军等，2002）。生理生态过程模型主要基于植物生长发育的生理过程或生态系统内部功能过程对冠层光合作用、蒸腾作用、碳氮变化等进行模拟，该类模型代表为TEM模型（Raich，1991；Melillo et al.，1993；McGuire et al.，1995）、

CENTURY模型（Parton et al.，1993）、BIOME-BGG模型（Running et al.，1988，1989，1999；Asrar et al.，1984）等，但此类模型相对较为复杂，所需输入参数较多且部分参数获取较为困难，一定程度上阻碍了该类模型大范围应用。光能利用率模型又称参数模型，该类模型主要将NPP调控因子简单组合在一起，模型简单实用，且模型中的部分关键参数与遥感相结合，该类模型以CASA模型（Potter et al.，1993；Field et al.，1995，1998）和GLO-PEM模型等为代表（Prince et al.，1995）。该类模型特点和优势，一是模型适用性强，特别是适合大范围尺度乃至全球尺度的净初级生产力计算；二是模型相对简单，需要输入参数少，且大部分参数可通过遥感技术进行获取，利于该项模型的大范围推广应用。参数模型最初由Monteith提出，即通过光合有效辐射、光合有效辐射分量和干物质转化效率系数三者决定（Brogaard et al.，1999；Tao et al.，2005；侯英雨等，2007）。在区域研究中，光能利用率模型可通过作物主要关键期的光合有效辐射（Photosynthetically active radiation，PAR）累积值、光合有效辐射分量的平均值和光能转化干物质效率的平均值来求算主要关键生育期内作物干物质累积量（陈利军，2001；陈华，2005；马龙，2005；廖靖等，2019）。

为此，本章以中国冬小麦主产区黄淮海平原冬小麦为研究对象，采用TOMS传感器紫外反射率计算光合有效辐射，利用MODIS数据计算光合有效辐射分量，利用以遥感信息为主的空间信息估计作物生长关键期累积的干物质生物量，旨在进一步探索适合我国大范围农作物生物量遥感估算的技术方法，从而提高我国的作物估产、长势监测和农业资源管理的精度和水平。

5.1 研究区域

本研究区（图5-1）位于河北和山东两省的平原区（34.36°N～40.25°N，113.64°E～122.73°E），所辖县（市）235个，面积26.1万km²。该平原区属温带半湿润季风气候，大于0℃年积温4 200～5 500℃，年均降水量500～900mm，年累积辐射量约5.2×10⁶kJ/m²，无霜期170～220d，该区主要粮食作物为冬小麦—夏玉米，一年两熟轮作制度，是中国北方重要的粮食生产基地。本研究中地面调查区为河北省的石家庄市、衡水市和邢台市，共45个县

（市），3.1万km²，实测调查样点83个。地面调查区的研究结果推广应用于河北、山东平原区的235个县（市）进行大范围的冬小麦地上生物量估算。

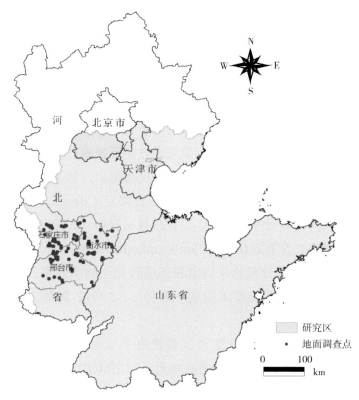

图5-1 研究区位置和地面调查点分布

Fig. 5-1 The location of the study region and the distribution of ground survey points

5.2 主要研究方法

5.2.1 基于净初级生产力的生物量遥感估算

本研究拟采用光能利用率模型计算植物净初级生产力（NPP）。在此基础上，通过碳素转换系数得到地表作物生物量。具体计算如式（5-1）至式（5-3）所示。

$$NPP = \varepsilon \times fPAR \times PAR \qquad (5-1)$$

$$B_t = NPP \times \alpha \qquad (5-2)$$

$$B_a = B_t \times \beta \qquad\qquad (5-3)$$

式中，PAR为光合有效辐射（MJ/m²），指植物叶片的叶绿素吸收光能和转换光能的过程中，植物所利用的太阳可见光部分（0.4～0.76μm）的能量；fPAR（Fraction of photosynthetically active radiation）为光合有效辐射分量，是指作物光合作用吸收有效辐射的比例；ε为光能转化为作物干物质的效率，是与众多因素（如温度、降水、土壤湿度等）有关的一个变量，尽管小区域内同种作物的ε值趋于恒定，可视为常数（Potter et al., 1993），但在大范围作物遥感监测研究中，需将该系数视为变量（Bastiaanssen & Ali, 2003; Field et al., 1995; Hanan et al., 1995）。由于ε值与作物所处的温度、降水和土壤湿度有关，可通过统计软件的曲线拟合模块研究该系数与温度、降水、土壤相对湿度的关系，然后利用相应气象数据和土壤数据得到冬小麦ε值的空间分布信息；α为植物碳素含量与植物干物质量间转化系数，对于一种作物而言，α为常数。冬小麦生物体碳素含量约为45%，其α值约为2.22（Lobell et al., 2003; 黄耀等，2006）；B_t为作物整株生物量（包括地上和地下部分）（g/m²）；β为作物地上生物量占整株生物量比例；B_a为作物地上生物量（g/m²），其值通过乘以作物地上生物量占整株生物量比例β得到。

5.2.2　光合有效辐射（PAR）

区域乃至全球的光合有效辐射计算方法主要有3种：一是气候过程模型，如法国的全球气候模型GCM（Noilhan & Planton, 1989）；二是通过遥感方法，如可利用MODIS数据或TOMS传感器紫外反射率估算地面PAR（Eck & Dye, 1991）；三是通过太阳总辐射推算，即设定PAR在太阳总辐射中的百分比（Running et al., 1999）。本研究利用TOMS的紫外反射波段计算光合有效辐射，即运用照射到地表的潜在光合有效辐射和云的反射率来计算。其算法如式（5-4）所示（Eck & Dye, 1991）。

$$\text{PAR} = I_{ap} \begin{cases} I_{pp}[1-(R^*-0.05)/0.9], & R^* < 0.5 \\ I_{pp}(1-R^*), & R^* \geqslant 0.5 \end{cases} \qquad (5-4)$$

式中，R^*为TOMS传感器在370nm波段处的紫外反射率，范围在0～1，可通过Ozone Processing Team of NASA/Goddard Space Flight Center获取（http://

toms.gsfc.nasa.gov）；I_{ap}为实际地表光合有效辐射（MJ/m²）；I_{pp}为潜在光合有效辐射（MJ/m²），指晴朗天气条件下到达地表的光合有效辐射。I_{ap}和I_{pp}运用Goldberg（1980）和McCullough等（1968）提供的方法进行计算。

5.2.3　光合有效辐射分量（fPAR）

许多研究结果表明，fPAR与归一化植被指数（NDVI）间有较好的线性关系（Fensholt et al.，2004）。因此，可利用两者间的线性关系求取fPAR。其中，NDVI数据由EOS/MODIS遥感数据（分辨率250m）生成。fPAR与NDVI的关系（Myneni et al.，1999）如式（5-5）所示。

$$fPAR = \begin{cases} 0 & NDVI \leqslant 0.075 \\ min(1.161\ 3 \times NDVI - 0.043\ 9,\ 0.9) & NDVI > 0.075 \end{cases} \quad (5-5)$$

$$NDVI = \frac{R_n - R_r}{R_n + R_r} \quad (5-6)$$

式中，R_n为近红外波段的反射率；R_r为红光波段的反射率。为减少云的干扰，采用最大值合成法（MVC）将日NDVI数据合成旬或月NDVI数据。本研究中2004年3—5月的MODIS原始日数据源于中国农业科学院农业资源与农业区划研究所卫星接收系统存档数据，数据预处理包括1B数据的生成、定标定位、投影转换、几何采样和重采样等。

5.2.4　干物质转化效率系数（ε）

为了实现区域范围内冬小麦干物质转化效率系数的计算，本研究在利用石家庄、衡水和邢台地区83个实测点数据建立干物质转化系数与平均气温、降水和土壤相对湿度关系的基础上，代入黄淮海平原区现时的气象数据和土壤相对湿度数据，从而实现大范围内冬小麦干物质转化效率系数的计算。

由ε=NPP/（fPAR × PAR）关系可知，可通过NPP与fPAR和PAR计算83个实测点的冬小麦干物质转化效率系数（ε）。其中，地面实测点的PAR和fPAR通过遥感数据计算，NPP通过生物量收获法获得（Goetz et al.，1999；Alexandrov et al.，2002；Lobell et al.，2002）。实测点平均气温、降水和土壤相对湿度数据通过统计气象站点空间内插数据获得。在获得实测点干物质转化效率系数、相应气象数据和土壤相对湿度数据基础上，通过SPSS统计软件的曲线拟合模块建立作物干物质转化效率系数与平均气温、降水量和土壤相对湿度的关系。根据作物实测单产计算NPP的公式如式（5-7）所示（Lobell et al.，2002）。

$$\text{NPP}(\text{gC} / \text{m}^2) = \frac{Y_t \times 1\,000 \times (1 - M_c) \times 0.45}{\text{HI} \times 0.9 \times 10\,000} \tag{5-7}$$

式中，Y_i为单位面积作物实测产量（kg/hm²）；HI为冬小麦收获指数；M_c为作物籽粒收获后储藏期含水量（％），对于冬小麦而言，其值为常数12.5%（闫慧敏等，2007）；0.45为作物生物量碳素含量比例；0.9为作物地上生物量占整株作物生物量（地上和地下部分）的比例；1 000为千克与克的转化系数；10 000为公顷与平方米的转化系数。

5.2.5　冬小麦地上生物量反演结果精度验证

本研究通过计算冬小麦生长期内（3—5月）的光合有效辐射、光合有效辐射分量及干物质转化效率系数，在此基础上利用NPP=$\varepsilon \times$ fPAR $\times$ PAR计算获得作物3—5月的NPP。在此基础上，利用作物碳素含量系数和作物地上部分占植株的比例系数，将NPP转化为作物地上生物量。

考虑到本研究开展的为大范围冬小麦地上生物量反演，因此，为了对反演生物量结果进行更加客观的验证，本研究利用河北和山东研究区的冬小麦作物单产统计数据转换得到的地上生物量统计结果对遥感估算地上生物量结果进行验证，从而对本研究开展的基于作物净初级生产力的作物生物量反演精度进行客观评价。其中，在利用冬小麦作物单产统计数据转换得到的地上生物量统计结果过程中，采用的河北、山东两省的冬小麦收获指数为常数0.45。最终，通过将反演的遥感地上生物量与冬小麦地上生物量统计数据进行对比，采用的作物生物量估算结果精度评价指标包括决定系数（R^2）、相对误差（RE）、均方根误差（RMSE）和归一化均方根误差（NRMSE）。其中，主要指标公式如式（5-8）至式（5-11）所示。

$$R^2 = \left(\frac{\sum_{i=1}^{n} \left(O_i - \overline{O} \right)\left(P_i - \overline{P} \right)}{\sqrt{\sum_{i=1}^{n} \left(O_i - \overline{O} \right)^2} \sqrt{\sum_{i=1}^{n} \left(P_i - \overline{P} \right)^2}} \right)^2 \tag{5-8}$$

$$RE(\%) = \frac{|P_i - O_i|}{O_i} \times 100 \qquad (5\text{-}9)$$

$$RMSE = \sqrt{\frac{\sum_{i=1}^{n}(P_i - O_i)^2}{n}} \qquad (5\text{-}10)$$

$$NRMSE(\%) = RMSE / \overline{O} \times 100 \qquad (5\text{-}11)$$

式中，P_i为冬小麦地上生物量估算值，O_i为冬小麦地上生物量调查统计值，$\overline{P}$为冬小麦地上生物量估算结果的平均值，$\overline{O}$为冬小麦地上生物量调查统计平均值，n为样本数。一般认为，RMSE越小越好。当NRMSE和RE小于10%时，判断模拟结果精度为极好，NRMSE和RE大于10%小于20%时模拟结果为好，NRMSE和RE大于20%小于30%时模拟结果为中等，NRMSE和RE大于30%时模拟结果为差（Michele et al., 2003）。当判断主要参数与模拟结果的精度高低时，判断标准优先考虑NRMSE，其次为RE。R^2值越接近于1，说明模拟值和调查统计值一致性越好，否则相反。

5.3 数据获取与准备

5.3.1 主要遥感数据

本研究中所用遥感基础数据主要包括2004年3—5月的日NDVI和日TOMS紫外反射率。由于本研究需计算冬小麦关键生育期内干物质累积量形成的生物量，同时，为了简化计算过程且增强该方法在大范围产量预测中的适用性，本研究将主要作物生长关键期作为一个整体来处理，即利用冬小麦关键生育期内总光合有效辐射、平均光合有效辐射分量和平均干物质转化效率系数来计算作物净初级生产力，从而得出作物总的生物量。对于黄淮海地区而言，每年的3—5月为冬小麦干物质累积关键期，期间冬小麦经历了返青、拔节、孕穗、抽穗、开花和灌浆。关键生育期内总的光合有效辐射、平均光合有效辐射分量均需由月光合有效辐射、月光合有效辐射分量、月NDVI和月TOMS反射率来计算，而上述月数据均由日相关数据生成。本研究数据采用Albers投影，其中第一条标准纬线为25°00′00″N，第二条标准纬线为47°00′00″N，中央经线为

105°00′00″E，东向和北向偏移量为0，椭球体为Krasovsky。

5.3.1.1 MODIS NDVI数据

美国地球观测系统（Earth observing system，EOS）计划于1991年正式启动。该计划主要针对全球气候变化、全球环境变化和自然灾害增多等全球性问题进行系统深入的研究。EOS计划的目标是通过一系列低轨道大型卫星平台装载先进仪器获得遥感数据，在此基础上反演获得反映地球复杂系统变异的多方面确切信息，从而研究确定全球环境和气候变化的程度、原因和区域后果，最终增强人类预报天气（气候）变化的能力，提高人类应对自然灾害的水平。

1999年12月18日，美国成功发射了地球观测系统EOS的第一颗先进极地轨道遥感卫星上午星TERRA（EOS-AM1），该星过境时间是当地时间10∶30，从而可以取得较好的光照条件，最大限度减少云的影响。运用TERRA卫星可以对太阳辐射、大气、海洋和陆地进行综合观测，从而进行土地利用（土地覆盖）、气候变化、灾害监测和大气臭氧变化研究，实现对地球和大气环境变化的长期观测。下午星AQUA（EOS-PM1）于2002年5月4日成功发射，过境时间是14∶30。该卫星主要对地球海洋、大气层、陆地、冰雪覆盖区域以及植被等展开综合观测，利用这些数据可以更深入地研究地球水循环和生态系统的变化规律，从而加深对地球生态系统与环境变化之间相互作用关系的理解。对于MODIS数据来说，通过TERRA与AQUA在数据获取时间上的相互配合，可以实现每天4次获取地球系统（主要包括大气、海洋、陆地）相关要素变化的数据，即每天可以获得最少2次白天和2次黑夜的地表数据，这对实时地球观测和应急处理（例如森林和草原火灾监测和救灾）具有重要实用价值。上午星和下午星均搭载了EOS/MODIS（Moderate resolution imaging spectroradiometer，中分辨率成像光谱辐射计）传感器，它标志了美国新一代地球观测系统的开始。

MODIS是一个"图谱合一"的光学遥感仪器。作为新一代卫星遥感信息源，MODIS遥感数据在生态学研究、环境监测、全球气候变化、农业遥感监测以及农业资源调查等诸多领域具有重要应用价值。经过多年的发展，目前已有数十个基于MODIS数据的各类标准产品可供免费提供，已经成为农业遥感监测的重要数据源。MODIS的特点主要包括如下3点。

（1）多通道同时观测。MODIS具有36个可见光—红外的离散光谱波段，光谱范围宽，光谱覆盖范围从0.4μm（可见光）到14.4μm（热红外），从而大大增加了对地球的观测和识别能力。

（2）分辨率高，观测周期短。MODIS有2个通道空间分辨率为250m，5个通道为500m，其余29个通道分辨率为1 000m，回归周期1~2d，大大增强了对大范围植被和自然灾害观察能力。

（3）观测范围大。MODIS仪器视场±55°，卫星高度705km，幅宽2 230km，可同时获取地球大气、海洋、陆地、冰川和雪等环境信息。表5-1为MODIS仪器的特性、波段范围和主要用途。

表5-1　MODIS仪器特性、波段范围和主要用途

Tab. 5-1　Instrument characteristics，band width and main purpose of MODIS

通道	光谱范围 （1~19nm通道，20~36μm通道）	信噪比 NEΔT	分辨率 （m）	主要用途
1	620~670	128	250	陆地、云边界
2	841~876	201	250	
3	459~479	243	500	陆地、云特征
4	545~565	228	500	
5	1 230~1 250	74	500	
6	1 628~1 652	275	500	
7	2 105~2 155	110	500	
8	405~420	880	1 000	海洋水色、浮游植物、生物地理、化学
9	438~448	838	1 000	
10	483~493	802	1 000	
11	526~536	754	1 000	
12	546~556	750	1 000	
13	662~672	910	1 000	
14	673~683	1 087	1 000	
15	743~753	586	1 000	
16	862~877	516	1 000	

（续表）

通道	光谱范围 （1～19nm通道，20～36μm通道）	信噪比 NEΔT	分辨率 （m）	主要用途
17	890～920	167	1 000	
18	931～941	57	1 000	大气水汽
19	915～965	250	1 000	
20	3.660～3.840	0.05	1 000	
21	3.929～3.989	0.20	1 000	地球表面和云顶温度
22	3.929～3.989	0.07	1 000	
23	4.020～4.080	0.07	1 000	
24	4.433～4.498	0.25	1 000	大气温度
25	4.482～4.549	0.25	1 000	
26	1.360～1.390	150	1 000	
27	6.535～6.895	0.25	1 000	卷云、水汽
28	7.175～7.475	0.25	1 000	
29	8.400～8.700	0.05	1 000	
30	9.580～9.880	0.25	1 000	臭氧
31	10.780～11.280	0.05	1 000	地球表面和云顶温度
32	11.770～12.270	0.05	1 000	
33	13.185～13.485	0.25	1 000	
34	13.485～13.785	0.25	1 000	云顶高度
35	13.785～14.085	0.25	1 000	
36	14.085～14.385	0.35	1 000	

　　本研究所用的遥感数据主要采用MODIS-NDVI数据。该MODIS原始数据来自中国农业科学院农业资源与农业区划研究所卫星接收系统存档数据，数

据的预处理工作包括1B数据的生成、定标定位、投影变换、几何采样和重采样等处理工作。其中，MODIS-NDVI数据的分辨率是250m，其计算公式见式（5-12）。

$$\text{NDVI} = \frac{R_n - R_r}{R_n + R_r} \qquad (5-12)$$

式中，R_n是近红外波段的反射率，R_r是红光波段的反射率。为了减少云的干扰，采用最大值合成法（MVC）将日NDVI数据合成旬和月NDVI数据（Huete & Liu，1994）。而且处理数据时将大于0的NDVI扩大100倍，因此NDVI的值在0~100，且用255代表云，254代表水。对于小于0的NDVI均假设为0，因为此时地表无植被覆盖或是裸地。

5.3.1.2 TOMS紫外反射率数据

臭氧总量测绘光谱仪TOMS（Total Ozone Mapping Spectrometer）搭载在Nimbus7卫星（1978年11月1日至1993年5月6日）和Earth Probe卫星（1996年7月27日至2005年8月31日）上，观测数据产品包括气溶胶指数产品、臭氧产品和反射率产品等。本研究中，TOMS传感器在370nm的紫外反射率数据从Ozone Processing Team of NASA/Goddard Space Flight Center（http://toms.gsfc.nasa.gov）处获取。该数据覆盖全球范围，且为ASCII形式，分辨率为1.25°×1°。利用上述方法通过TOMS紫外反射率求算的光合有效辐射结果与地面测量数据相比较，其估算误差低于6%（Eck & Dye，1991）。

5.3.2 作物田间实测数据

作物田间实测数据包括成熟期获取的作物地上生物量、作物单产和作物收获指数等数据。实测单产数据来自2004年研究区的83个实测样区。其中，样区的选取不仅考虑小麦长势和产量的代表性，还考虑到小麦样区在石家庄市、衡水市和邢台市的均匀分布状况。样区面积不小于500m×500m，样区内种植结构较为单一，样区位置采用差分GPS进行精确定位。样区实测数据包括地上生物量、作物单产和作物收获指数，每个样区的实际采样点不少于3个，每个采样点取样面积为1m²，采用实割实测法进行实测数据获取。其中，地上生物量获取是在对采样点进行准确定位基础上，分别收割样点1m²采样框内冬小麦地上部分并装入保鲜袋。在实验室中，对冬小麦植株105℃杀青0.5h，并在80℃下烘干48h至质量恒重（前后两次质量差≤5%），称得植株地上部干生物量。在此基础上计算采样点单位面积冬小麦地上干生物量（t/hm²），最后将样方内样点地上生物量进行平均，得到样方内地上生物量观测结果。此外，通过脱粒、晾晒、去杂和称量，最后将样区内各样点的单产和收获指数均值作为样区小麦单产和收获指数数值。为了从遥感数据上提取地面调查点的相应数据，同时为减小误差，对地面调查点做500m缓冲区，在对遥感数据进行提取时，得到地面调查点500m范围内遥感数据的均值。

5.3.3 气象数据和土壤湿度数据

气象数据主要包括黄淮海地区321个站点的平均温度、降水量数据，土壤数据主要为203个站点0~20cm土层的平均土壤相对湿度。气象和土壤湿度旬数据来自中国气象局地面观测站点数据，时间范围为2004年3—5月。为了消除研究区数据内插处理时边缘地带站点数目较少带来的误差，本研究选取站点的范围比实际研究范围大，最后从内插气象数据和土壤相对湿度栅格图中切出研究区范围内的内插空间数据。由于研究区内地形起伏较小且所选站点密度较大，因此，通过反距离权重法（IDW）由站点数据得到空间面域的气象和土壤湿度数据，内插网格大小为1 000m×1 000m（李新等，2000；冯志明等，2004）。为了与250mMODIS遥感数据匹配，通过重采样得到250m×250m栅格大小的气象和土壤湿度数据。再利用观测点的500m缓冲区进行统计，得到观测点500m范围内气象和土壤相对湿度的平均数据。

5.3.4 主要数据处理

研究中光合有效辐射、光合有效辐射分量根据式（5-4）、式（5-5）利用ERDAS IMAGINE软件空间建模工具计算。气象数据和土壤相对湿度站点数据空间化、内插处理和栅格数据运算均利用ARCVIEW软件完成。统计观测点的光合有效辐射、光合有效辐射分量利用ARCINFO软件的分区统计工具完成。拟合冬小麦主要生育期（3—5月）平均干物质转化效率系数与气候和土壤湿度的关系，利用SPSS11.5统计软件曲线拟合功能模块完成。

5.4 结果与分析

5.4.1 研究区光合有效辐射

由图5-2可以看出，研究区光合有效辐射的纬度性分布较明显，越往南，太阳光合有效辐射越多。其中，该区3—5月的总太阳光合有效辐射均值为1 193MJ/m^2，1 175～1 235MJ/m^{2}的太阳光合有效辐射约占78.5%，1 155～1 175MJ/m^{2}的太阳光合有效辐射约占21.2%，1 235～1 255MJ/m^{2}的太阳光合有效辐射约占0.3%。

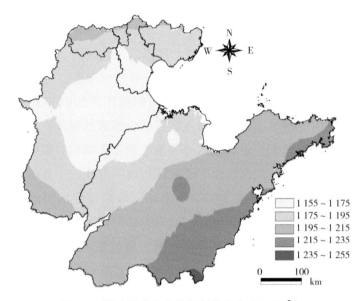

图5-2 研究区光合有效辐射的分布（MJ/m^2）

Fig. 5-2 Distribution of PAR in the study area（MJ/m^2）

5.4.2 研究区光合有效辐射分量

研究区冬小麦主要生育期（3—5月）平均fPAR值为0.386。其中，0.2～0.4的fPAR均值约占43.3%，0.4～0.6的fPAR均值约占45.5%，0.6～0.8的fPAR均值约占4.4%。从分布区域来看，河北省中西部地区以及山东省中北部和西南部地区的fPAR均值较高（图5-3），这与冬小麦长势一致。主要原因是由于这些地区该时期的水、热和土壤条件对冬小麦生长较适宜，是冬小麦主产区中的高产和稳产区。

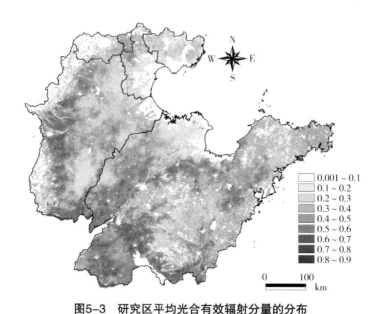

图5-3 研究区平均光合有效辐射分量的分布

Fig. 5-3 Distribution of average fPAR in the study area

5.4.3 冬小麦干物质转化效率系数与气候和土壤湿度的关系

通过计算，研究区冬小麦生育期（3—5月）平均干物质转化效率与相应时段平均气温、总降水量和土壤相对湿度间的拟合方程为：

$$\varepsilon = 1.303 - 3.692X_1 + 0.142X_2 + 0.008X_3$$

式中，ε 为冬小麦主要生育期平均干物质效率系数（gC/MJ）；X_1 为土壤相对湿度（%）；X_2 为3—5月平均气温（℃）；X_3 为3—5月总降水量（mm）。该模型样本数 n 为83，相关系数 r 为0.676，调整系数为0.52，F 值为16.417，Sig.为0.000。从模型可以看出，研究区3—5月的土壤相对湿度对平均干物质转化效率系数的影响为负作用，3—5月平均气温和总降水量对平均干物质转化效率系数为正效应（Potter et al., 1993）。由于黄淮海地区冬小麦种植均在灌溉条件下进行，且灌溉保障率很高，因此，土壤相对湿度的负效应远超过降水的影响。

将研究区2004年3—5月的平均土壤相对湿度、平均温度和降水量代入上述模型，得到2004年研究区冬小麦主要生育期平均干物质转化效率系数分布图（图5-4）。通过统计可知，该区2004年冬小麦主要生育期平均干物质转化效率系数分别为1.37gC/MJ，这与Monteith和Russell等得出的作物生态系统干物质转化效率系数在1.1～1.4gC/MJ范围内波动（Potter et al.，1993）以及Gower等（Kemanian et al.，2004；Bradford et al.，2005）得出C_3作物（如小麦、水稻等）干物质转化效率系数在1.02～5.2gC/MJ范围内变化的结论一致。

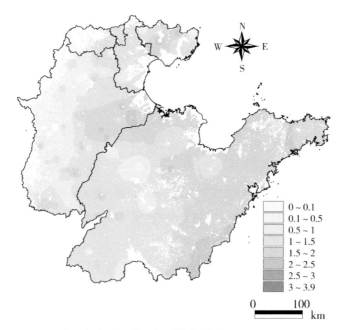

图5-4　研究区冬小麦平均干物质转化效率系数的分布（gC/MJ）

Fig. 5-4　Distribution of average dry matter conversion coefficient of winter wheat in the study area（gC/MJ）

5.4.4　研究区冬小麦生物量结果的精度验证

为了实现冬小麦大范围作物生物量遥感估算，在计算研究区2004年冬小麦生长期间3—5月累积光合有效辐射（PAR）、平均光合有效辐射分量（fPAR）以及冬小麦平均干物质转化效率系数基础上，将三者进行相乘，得到研究区冬小麦的累积NPP。在此基础上，通过作物含碳量转换关系和作物地上生物量占整株作物生物量（地上和地下部分）的比例系数，计算得到2004年河北和山东两省235个县（市）冬小麦地上生物量遥感估算结果，具体如图5-5所示。从图5-5中可以看出，研究区2004年河北中西部、山东中北部和西南部冬小麦地上生物量较高，这与上述地区的水、热条件适宜程度及小麦长势分布情况是一致的。通过与2004年河北省和山东省各县作物单产统计数据转换得到的冬小麦地上生物量统计结果对比可知，本研究遥感估算冬小麦地上生物量的平均相对误差为4.28%，均方根误差为145.35g/m²，归一化均方根误差为12.02%（图5-6）。上述精度结果能够满足大范围作物地上生物量遥感估算的精度要求。

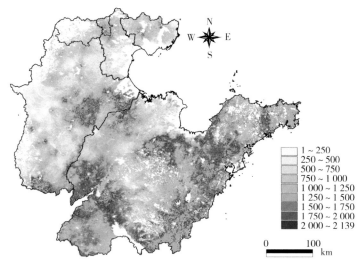

图5-5　2004年冬小麦地上生物量分布（g/m²）

Fig. 5-5　Distribution of winter wheat above ground biomass in the year of 2004（g/m²）

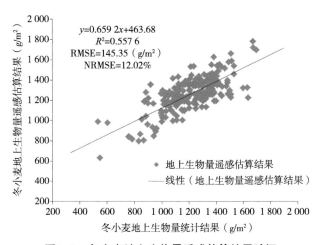

图5-6　冬小麦地上生物量遥感估算结果验证

Fig. 5-6　Validation of winter wheat above ground biomass estimated by remote sensing

5.5 本章小结

（1）在利用遥感、气象、土壤等多源空间数据计算累积植被净初级生产力基础上进行大范围冬小麦主要生育期累积生物量研究，通过在区域尺度上将预测作物生物量与地面实测生物量进行对比分析可知，该方法在2004年冬小麦生物量估算中，冬小麦估算生物量的平均相对误差为4.28%，均方根误差为145.35g/m²，归一化均方根误差为12.02%，证明了通过以遥感信息为主的多源空间信息数据估算作物生物量方法的可行性。

（2）研究中考虑了冬小麦主要生育期平均干物质转化效率系数（ε）空间变异性特征，对该系数做了简单变量化处理，并研究了该系数与平均温度、土壤相对湿度和总降水量的关系，相对于作物生物量估算中将该系数作为常量处理具有更加科学的意义，但本研究结果在其他地区的适用性有待进一步深入研究。同时，区域范围内作物干物质转化效率系数受气象条件、土壤理化特性、品种遗传特征、管理措施等综合因素影响，该转化系数的机理过程研究有待进一步加强。

（3）本研究的出发点是研究一种在大尺度条件下适合于业务化运行的农作物生物量遥感估算方法，因此，研究中计算NPP时利用覆盖全球的TOMS紫外反射率计算光合有效辐射，利用覆盖全球的MODIS数据计算光合有效辐射分量，这对于实现大范围生物量估算具有重要意义。同时，与以往采用低分辨率NOAA-AVHRR计算光合有效分量相比，本研究采用较高分辨率的MODIS影像，对提高光合有效分量的计算精度具有重要意义。但是在fPAR的计算中，本研究直接利用了NASA-MOD15中提供的fPAR与NDVI的关系，而未作fPAR和NDVI相互关系的本地化研究，这一点应在进一步研究工作中得到加强；另外，本研究目前仅利用TOMS反射率进行光合有效辐射的计算，随着国内外遥感数据源的不断丰富，基于其他遥感数据（如MODIS、国产高分数据等）的光合有效辐射计算研究也需要加强。此外，本研究目前采用的是光能利用率模型计算NPP，基于其他各类NPP模型（如GLO-PEM、Cfix、Cflux、EC-LUE、VPM、VPRM模型等）（Liu et al.，2010；程志强等，2015）开展作物NPP支持下的作物地上生物量高精度反演研究将具有更加重要意义。

6 基于遥感和生长模型同化的冬小麦生物量估算

作物生物量是表征植被生长状况的最重要农学指标之一，该指标与作物长势和产量密切相关，在农业监测中得到广泛应用。因此，及时、准确地估算作物生物量，对农业管理部门进行农业生产管理科学决策具有重要意义。传统的作物生物量测量方法主要依靠实割实测法，该方法不仅费时费力，而且对农田作物具有一定破坏性，很难实现大范围作物的生物量监测。近些年来，随着遥感技术不断发展，该项技术已经逐步在作物生物量估算和监测中得到越来越广泛的应用。

根据对作物生物量形成机理描述程度的不同，作物生物量遥感估算方法主要分为统计模型法、半机理模型法、机理模型法以及机器学习模型法等，上述方法各有特点和优势（杜鑫等，2010；王渊博等，2016；王治海等，2017；李卫国等，2019；刘明星等，2020；Jin et al.，2016；Song et al.，2020）。其中，统计模型直接采用参数化遥感因子（如各类植被指数等）与作物生物量间的统计关系，简单易行，在大范围作物生物量估算中应用广泛，采用的遥感数据包括光学多光谱、高光谱、微波雷达数据等，但统计模型方法本身涉及作物生物量形成机理少，估算模型区域间迁移性受到一定限制（夏天，2010；张远等，2011；岳继博和齐修东，2016；何磊，2016；郑阳，2016；姚阔等，2016；翟鹏程等，2017；贺佳等，2017；郑阳等，2017）；半机理模型也称为参数模型，其中光能利用效率模型使用最广泛，但目前一些参数（如光能利用效率系数和收获指数等）在大范围内定量获取还存在一定困难，这在一定程度上影响该方法精度的进一步提高（刘真真等，2017）；作物生长模型是目前作物生物量估算中最有发展潜力的机理模型，该模型最大特点是机理性强，面向过程，可逐日连续模拟作物生长变化状况（如每日的株高、叶面积指数、潜在地上生物量、实际地上生物量以及最终单产等），但作物生长模型需要输入参数多，部分关键参数（如田间管理和作物品种信息等）难以在区域范围内准确获得，一定程度上限制了大范围作物生物量估算中作物生长模型的广泛应用。另外，考虑到参数化统计模型简单易操作，但在该类模型作物生物量估算精度主要依靠遥感参数与作物生物量间的线性相关性影响，为了描述作物生物量与遥感数据间的非线性关系，进一步提高作物生物量的估测精度，近些年来一些利用机器学习方法（如神经网络法、K-最近邻法、支持向量机法、决策树法和随机森林法等）在作物生物量遥感估算中也得到了一定应用（崔日鲜等，2015；岳继博等，2016；吴芳等，2019；李武岐等，2020）。

随着遥感技术的不断发展，多时相、多波段、多空间分辨率及多角度遥感数据产品陆续推出，其即时性强、区域覆盖（空间连续）等特点与作物生长模型机理性强、面向过程（时间连续）等优势构成了良好互补关系，二者的结合不仅可以保证监测与预测结果的时间连续性，而且空间上完全覆盖，从而一定程度上消除监测与预测结果时间维和空间维的信息空洞，一定程度上可以提高作物生长模拟的区域精度。因此，将遥感信息与作物生长模型耦合，利用遥感信息进行模型关键参数校正或替代其中部分中间模拟变量，提高作物生长模型模拟精度，使作物生长模型从单点模拟发展到区域应用，成为近年作物生长模型应用中的一个热点，但目前基于遥感信息和生长模型同化的研究大多集中在作物产量的模拟和预测上，对于作物生物量的模拟研究相对较少（闫岩等，2006；Machwitz et al.，2014；黄健熙等，2018；尹雯等，2018；王尔美，2018；程志强等，2020）。但是，随着基于遥感数据同化作物生长模型进行作物生物量模拟技术的出现和应用，利用作物生长模型进行区域范围空间化作物生物量模拟和预测已经成为可能。此外，利用雷达信息同化作物模型进行小范围作物生物量模拟也取得了一些有价值的研究成果（谭正等，2011）。另外，随着遥感技术和光能利用率模型的共同发展，基于遥感与光能利用率模型（如SAFY模型）同化的作物长势指标（如作物地上生物量等）模拟与监测也越来越受到关注，并取得了一定研究成果（刘明星等，2020）。

目前，遥感数据同化作物生长模型主要应用于作物估产、作物长势监测等方面。遥感信息与作物生长模型的结合方法主要采取驱动法和同化法两种（刘峰等，2011；黄健熙等，2018）。其中，同化法（Ⅰ）主要通过遥感数据反演作物冠层参数（如LAI）调整模型的相关参数和初始值，当调整后的模型参数与遥感反演参数相差最小时，便将调整后的初始值和参数值作为模型初始值和参数；同化法（Ⅱ）主要通过作物生长模型与辐射传输模型的耦合，直接使用遥感光谱反射率（或各种植被指数）调整作物生长模型的关键参数或初始值，实现作物生长模拟过程的优化。目前，同化变量的种类较多且不断增加（如叶面积指数、土壤水分指数、蒸散发和物候信息等），同化变量也在由一种向同时同化多种变量发展（de Wit & van Diepen，2007；Dorigo et al.，2007；陈仲新等，2016；黄健熙等，2015；Huang et al.，2019）。

在遥感信息与作物生长模型同化研究中，优化算法的选择是影响模拟结果准确性的关键环节。目前，国际上应用较多的优化算法以变分和滤波算法为主，其中，四维变分（4-VAR）和集合Kalman滤波算法（EnKF）为典型代表（Dente et al.，2008；de Wit & van Diepen，2007；姜志伟，2012；Huang et al.，2016）。近年来，复合形混合演化（Shuffled complex evolution-University of Arizona，SCE-UA）算法逐步应用到基于遥感数据同化的区域作物产量与长势模拟研究中（秦军，2005）。国内学者利用SCE-UA优化算法和实测LAI数据进行同化作物生长模型的作物长势和产量模拟，也得到相同的结论（Ren et al.，2009；Dong et al.，2016），这为将遥感信息同化作物生长模型应用于区域作物生物量模拟和预测奠定了较好基础。

本研究在前期利用SCE-UA优化算法和实测作物LAI数据同化作物生长模型进行作物产量和作物长势指标模拟相关研究基础上，在区域范围内进一步开展基于遥感信息和生长模型同化的作物生物量模拟研究。其中，采用的作物生长模型为EPIC模型，采用的算法为全局优化的复合形混合演化算法（SCE-UA），研究作物为冬小麦。

6.1 研究区域

本章研究以中国北方粮食生产基地黄淮海地区河北省衡水市（115.19°E ~ 116.53°E，37.09°N ~ 38.36°N）为研究区。该研究区域位于河北省东南部，市域内包含11个县（市），覆盖面积为8 815km^2。该区属于温带半湿润季风气候，大于0℃积温4 200 ~ 5 500℃，年累积辐射量为（5.0 ~ 5.2）× 10^{6}kJ/m^2，无霜期为170 ~ 220d，年降水量为500 ~ 600mm。该区主要粮食作物为冬小麦—夏玉米，一年两熟轮作制度。其中，冬小麦种植时间为9月底至10月上旬，返青开始时间为翌年2月下旬至3月上旬，拔节期为4月上旬至4月中旬，孕穗期为4月下旬，抽穗期开花期为5月上旬，灌浆乳熟期为5月中旬至6月上旬，成熟期为6月上中旬。2009年，在研究区内进行地面实测冬小麦地上生物量调查样方共30个，每个样方面积不小于500m×500m，具体如图6-1所示。

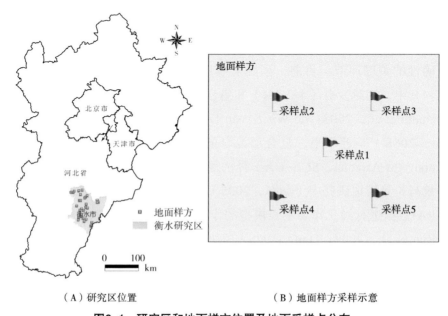

（A）研究区位置　　　　　　　　　（B）地面样方采样示意

图6-1　研究区和地面样方位置及地面采样点分布

Fig. 6-1　Location of study area and ground quadrats and distribution of ground sampling points in each quadrat

6.2　主要研究方法

6.2.1　技术路线

本研究首先在进行作物生长模型参数灵敏度分析基础上开展土壤、田间管理和作物参数等模型参数本地化工作。其次，将1km标准网格图、土壤分布图（1∶400万）和县级行政区划图（1∶400万）等数据进行叠加，得到作物模拟基本单元。在此基础上，对每个模拟单元的空间气象数据、遥感LAI、土壤信息等进行平均值统计。在上述模拟单元气象、土壤、田间管理等参数驱动下，将模拟LAI作为优化比较对象，当模拟LAI与遥感反演LAI相差最小时，最小目标函数值所对应的模型初始值即为最优参数值。然后，在最优参数值驱动下，输出作物地上生物量等关键作物生长指标。最终，完成模拟作物生物量精度验证。每个模拟单元上的具体同化算法如图6-2所示。

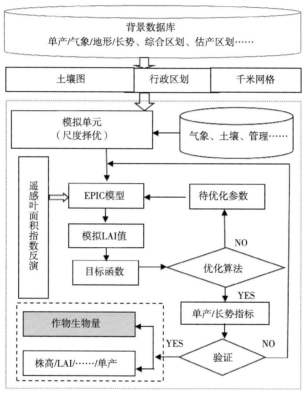

图6-2 技术路线

Fig. 6-2 Flowchart of the research

6.2.2 EPIC模型选择

EPIC模型是美国农业部农业研究中心（USDA-ARS）于1984年开发推出的研究土壤侵蚀与作物单产关系的作物生长模型，模型原名"Erosion productivity impact calculator"，后更名为"Environmental policy integrated climate"。该模型在逐日气象要素（如太阳辐射、最高气温、最低气温和降水量等）驱动下，主要通过最大叶面积系数、叶面积变化的"S"形曲线形态参数和叶面积下降速率等作物参数估算光截获数量的叶面积动态变化，模拟太阳辐射能转化为干物质的数量。其中，作物叶面积指数的变化是贯穿模型单产模拟全过程的关键参数，其增长和变化受温度、水分和养分等因素影响，即通过作物生长最适温度、最低温度与作物生育进程计算温度对叶面积增长的影响。通过根系土壤水分和养分状况计算水分胁迫和养分胁迫对叶面积的影响。作物生物量增长是通过计算水分、养分和温度等胁迫因子对生物量合成的影响而获得。最后，通过地上部生物量和收获指数计算可供收获的作物经济产量，进而实现作物单产的模拟（Williams et al., 1989；Jones et al., 1991）。具体结构图如图6-3所示。

目前，通过输入气象数据、土壤数据、作物参数和田间管理等数据，EPIC模型能准确模拟不同生长环境下的作物单产，已经被应用于全球150多个样点10多种作物的单产研究，且EPIC模型目前在美国农业部仍然得到广泛应用（Easterlinga et al., 1998；Tan & Shibasaki, 2003；Balkovič et al., 2013；Xiong et al., 2014）。同样，在我国也有很多基于EPIC模型进行作物产量模拟的区域研究与应用（杨鹏等，2007；Ren et al., 2009；Ren et al., 2010；Ren et al., 2011）。上述广泛研究，为本研究开展适合大范围运行的基于遥感信息同化生长模型的作物长势指标（如地上生物量等）和作物单产的定量模拟提供了重要参考。

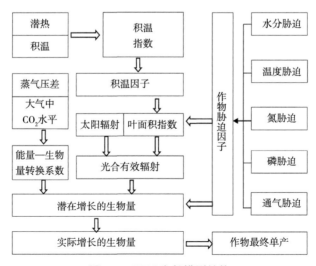

图6-3　EPIC生长模型结构

Fig. 6-3　The structure diagram of EPIC growth model

6.2.3 SCE-UA全局优化算法

本研究采用的同化算法为复合形混合演化（Shuffled complex evolution-University of Arizona，SCE-UA）算法（Duan et al.，1992；Duan et al.，1993；Duan et al.，1994）。该算法最初是由Duan于1992年针对降水—径流水文模型校正问题提出的一种全局优化算法，其综合了控制随机搜索算法和遗传算法的优点，并于1993年对其进行了修正，称为SCE-UA算法。原理是将生物自然演化过程引入到数值计算中模拟了生物进化的过程，采用了竞争演化和复合形混合的概念，继承了全局搜索和复合形演化的思想。该方法引入竞争演化思想后提高了样本空间的搜索效率，不同种群从不同方向上向全局最优点逼近，同一种群内部仍然采用单纯形控制随机搜索方法，因此大大提高了算法的计算效率和全局搜索整体最优的能力。SCE-UA算法在水文学模型中得到了广泛应用，是到目前为止对于非线性复杂模型采用随机搜索方法寻找最优值最为成功的方法之一。SCE-UA算法的主要步骤如下。

（1）初始化。假定待优化问题是n维问题，根据复合形个数$p \geq 1$和每个复合形顶点数$m \geq n+1$，计算样本数$s=p \times m$。

（2）产生样本点。在可行空间内随机生成s个样本点x_1，x_2，$\cdots$，x_s。计算每个样本点x_i的函数值$f_i=f(x_i)$，$i=1$，2，$\cdots$，s。

（3）样本点排序。将s个样本点按函数值升序进行排列，并存储到数组D中，记$D=\{(x_i, f_i)$，$i=1$，2，$\cdots$，$s\}$。

（4）复合形划分。将D划分为p个复合形A_1，$\cdots$，A_p，每个复合形含有m个点，其中$A^k=\{(x_j^k, f_j^k) | x_j^k=x_{k+m(k-1)}$，$f_j^k=f_{j+m(k-1)}$，$j=1$，$\cdots$，$m\}$，$k=1$，2，$\cdots$，$p$。

（5）复合形进化。根据竞争的复合形进化算法（CCE）进化每个复合形。

（6）复合形混合。将进化后的每个复合形的所有顶点组成新的点集，再按照函数值f_i升序进行排列，排列后仍记为D。

（7）收敛性判断。如果满足收敛条件则停止，否则返回步骤（4）。

该算法具有对待优化参数初始值不敏感的特点，避免了优化过程对先验知识的过分依赖和对目标函数求微分，使得程序更具有可操作性。在前人工作基础上，本研究将该算法应用于EPIC作物生长模型同化中，并对其优化效果进行验证。优化目标函数见式（6-1）。

$$y = \sum_{i=1}^{n} (\mathrm{LAI}_{\mathrm{simi}} - \mathrm{LAI}_{\mathrm{obsi}})^2 \qquad (6-1)$$

式中，n为外部同化LAI数据的个数；$\mathrm{LAI}_{\mathrm{simi}}$为模型模拟作物叶面积指数；$\mathrm{LAI}_{\mathrm{obsi}}$为外部数据遥感叶面积指数。为验证优化算法的可行性，待优化参数的初始值均为值域内的随机值。当与外部实测LAI进行同化时，优化算法独立运行100次。当遇到下列3种情况时，优化过程结束，即临近5个最优目标函数值之差的绝对值小于0.001，计算目标函数的次数超过10 000次，待优化参数的值收缩到预定的较小的值域内。如果在第一种情况下优化过程结束，则认为优化成功。优化成功后与最小目标函数值相对应的EPIC模型初始值，称为"最优参数值"。反之，则认为优化过程失败。本研究所有优化过程的成功率为100%。

6.2.4 模型参数灵敏度分析与本地化

EPIC作物生长模型已经被广泛地用于作物长势监测、农业估产、气候变化影响评价等领域。但由于作物品种、生长环境的差异，当引入EPIC模型时需要对模型参数进行校正修改，实现模型参数的本地化和区域化。本研究以河北省衡水市冬小麦种植区为研究区，使用全局敏感性分析方法（EFAST法）分析EPIC模型在冬小麦长势和单产模拟中的敏感参数，对主要参数进行了灵敏度分析。在对EPIC模型进行局部或全局灵敏度分析基础上，确定对作物长势和产量模拟影响显著的参数，主要包括能量—生物量转换参数（Potential radiation use efficiency，WA）和作物收获指数（Normal harvest index，HI）、最大潜在叶面积指数（Maximum potential leaf area index，DMLA）、生长季峰值点（Point in the growing season when leaf area begins to decline due to leaf senescence，DLAI）、作物面积生长曲线参数1（Crop parameter control leaf area growth of the crop under non-stressed condition，DLP1）、作物面积生长曲线参数2（Crop parameter control leaf area growth of the crop under non-stressed condition，DLP2）和叶面积指数下降参数（Leaf-area-index decline rate parameter，RLAD）等。通过灵敏度分析可知，能量—生物量转换参数（WA）和作物收获指数（HI）是对模拟产量结果准确性贡献较大的参数。由于DMLA、DLAI、DLP1、DLP2和RLAD受作物品种影响较大，对于大区域作物模型本地化时作物品种信息较难获取。为了增强研究的可操作性，本研究对上述众多本地化参数进行简化，仅对能量—生物量转换参数（WA）和作物收获指数（HI）进行本地化处理。

作物生长模型在区域范围内应用中面临的最大问题之一就是模型参数本地化问题。然而，大区域尺度作物生长模型应用中基于地面实际调查数据的作物参数本地化不仅耗费巨大的人力、物力和财力，而且耗费较长的地面调查时间，不能完全满足大范围作物生长模型作物长势和单产模拟运行中具有较强的可操作性需求。因此，可以利用基于地面实际调查数据或县级统计数据支持下的作物生长模型关键参数本地化，且为提高模型本地化的精度，减少人工工作量和人为主观性对模型参数本地化精度的影响，本研究将进一步开展优化算法支持下的作物生长模型本地化关键参数自动优化技术研究，从而进一步提高作物生长模型区域应用中的模拟精度和自动化程度。研究中，模型关键参数本地化的思路采用同化策略筛选本地化参数最佳值，即在模拟单元气象、土壤、田间管理和作物参数的驱动下，将模拟单产作为优化比较对象，当模拟作物单产与地面实测单产相差最小时，最小目标函数值所对应的模型初始值即为本地化参数的最优值（图6-4）。其中，优化算法为复合形混合演化算法（SCE-UA），待优化参数为对作物产量和叶面积指数均有显著影响的WA和HI。

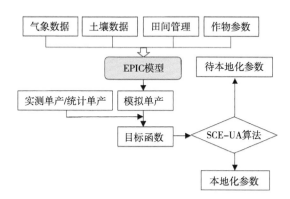

图6-4 EPIC模型参数本地化流程

Fig. 6-4 The localization process of the EPIC model

6.2.5 模型同化参数确定

由于作物叶面积指数的准确性高低对作物长势好坏和产量高低具有重

要影响。基于前人的研究结果，本研究在模型本地化基础上，将作物叶面积指数进一步优化比较对象，以便进一步提高作物长势和作物产量模拟精度（Fang et al.，2008）。其中，最大潜在叶面积指数（DMLA）、生长季峰值点（DLAI）、作物面积生长曲线参数1（DLP1）、作物面积生长曲线参数2（DLP2）和叶面积指数下降参数（RLAD）、作物播种日期、种植密度和氮肥施用量等参数对于产量和叶面积指数等模拟具有显著影响。因此，本研究将上述8个参数作为优化参数，具体流程如图6-2所示。

6.2.6 作物生长模型区域化

本研究首先叠加标准网格图、土壤分布图和县级行政区划生成作物模拟单元。然后，将插值后的空间气象数据、遥感叶面积指数等按照作物模拟单元进行分区统计，得到每个模拟单元下的模型驱动参数。将每个模拟单元下的模拟LAI与遥感反演LAI相差最小时的模型参数，作为模型最优参数，在此基础上，输出每个模拟单元下的作物地上生物量等长势信息，具体过程如图6-5所示。

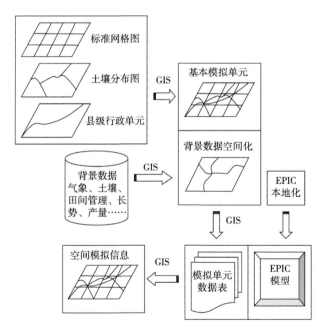

图6-5 作物生长模型区域化示意过程

Fig. 6-5 The regionalization of crop growth model

6.2.7 主要参数与模拟结果精度验证

本研究中，作物叶面积指数是重要的外部同化遥感信息，作物地上生物量是作物生长模型同化模拟的最终关键结果，上述关键参数和最终模拟结果的精度验证，对保证高精度外部同化信息的输入以及作物生长模型高精度关键信息的输出具有重要意义。因此，本研究需要对作物叶面积指数遥感反演结果和作物地上生物量模拟结果进行重点精度评价。其中，作物叶面积指数遥感信息和作物生物量模拟结果主要依靠研究区冬小麦关键生育期地面实测点叶面积指数和作物地上生物量观测数据进行区域结果的区域精度验证，且精度验证指标主要选择决定系数（R^2）、相对误差（RE）、均方根误差（RMSE）和归一化均方根误差（NRMSE）。各个指标主要数学表达式见式（6-2）至式（6-5）。

$$R^2 = \left(\frac{\sum_{i=1}^{n}\left(O_i - \overline{O}\right)\left(P_i - \overline{P}\right)}{\sqrt{\sum_{i=1}^{n}\left(O_i - \overline{O}\right)^2}\sqrt{\sum_{i=1}^{n}\left(P_i - \overline{P}\right)^2}} \right)^2 \qquad （6-2）$$

$$RE(\%) = \frac{\left|P_i - O_i\right|}{O_i} \times 100 \qquad （6-3）$$

$$RMSE = \sqrt{\frac{\sum_{i=1}^{n}\left(P_i - O_i\right)^2}{n}} \qquad （6-4）$$

$$NRMSE(\%) = \frac{RMSE}{\overline{O}} \times 100 \qquad （6-5）$$

式中，P_i 为冬小麦地上生物量（或叶面积指数）模拟值（或反演值），O_i 为冬小麦地上生物量（或叶面积指数）观测值，$\overline{P}$ 为冬小麦地上生物量（或叶面积指数）模拟（或反演）平均值，$\overline{O}$ 为冬小麦地上生物量（或叶面积指数）观测平均值，n 为样本数。一般认为，RMSE越小越好。当NRMSE和RE小于10%时，判断模拟结果精度为极好，NRMSE和RE大于10%小于20%时模拟结果为好，NRMSE和RE大于20%小于30%时模拟结果为中等，NRMSE和RE大于30%时模拟结果为差（Michele et al.，2003）。当判断主要参数与模拟结果的精度高低时，判断标准优先考虑NRMSE，其次为RE。R^2 值越接近于1，说明模拟值和观测值一致性越好，否则相反。

6.3　数据获取与准备

6.3.1　基础数据收集与处理

　　EPIC模型需要输入的基础数据为气象数据、土壤数据和田间管理数据。气象数据包括日太阳辐射、日最高温度、日最低温度、日降水量、日相对湿度和日平均风速数据。其中，气象数据为站点数据，需要利用Kriging或IDW插值法进行空间插值，插值格网大小为250m。土壤数据包括土层厚度、土壤机械组成、土壤容重、土壤pH值、土壤有机碳和碳酸钙含量等。田间管理数据包括施肥量、播种日期、种植密度等。本研究所用气象数据为覆盖作物生育期的每日气象站点数据。由于大多数站点获取日太阳辐射数据存在一定的困难，本研究根据每日日照时数数据来模拟日太阳辐射数据（Yang et al., 2006）。太阳辐射的计算公式见式（6-6）。

$$R = t_c \times R_{clear} \tag{6-6}$$

　　式中，R为实际太阳辐射，t_c为参数；R_{clear}为晴天太阳辐射。t_c的计算公式见式（6-7）。

$$t_c = 0.250\ 5 + 1.146\ 8 \times (\frac{n}{N}) - 0.397\ 4 \times (\frac{n}{N})^2 \tag{6-7}$$

　　式中，n为每日实际日照时数，N为每日潜在最长日照时数，R_{clear}的计算，参照Allen等（1998）的研究结果。具体结果见图6-6。

6.3.2　田间样区布设与观测

　　为收集田间冬小麦叶面积指数和作物地上生物量数据，本研究2009年在衡水市研究区域内共布设30个观测样区。布设样区时，除去考虑样区布设均匀性和作物长势具有一定代表性外，每个观测样区面积均不小于500m×500m，且样区位置采用差分GPS系统精确定位。调查内容包括冬小麦出苗期、分蘖期、越冬期、返青期、拔节期、抽穗期、开花期、灌浆乳熟期、成熟期等关键期种植密度（株/m²）及作物叶面积指数和冬小麦地上生物量等信息。各个样区采样点不少于5个，每个点的叶面积指数和地上生物量分别采用长宽系数法和直接收割量测法，并将样点LAI和地上生物量均值作为样区LAI和地上生物量观测值。

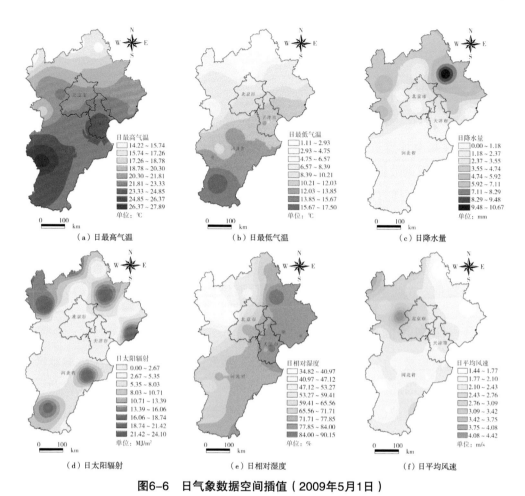

（a）日最高气温　　　　　　　（b）日最低气温　　　　　　　（c）日降水量

（d）日太阳辐射　　　　　　　（e）日相对湿度　　　　　　　（f）日平均风速

图6-6　日气象数据空间插值（2009年5月1日）

Fig. 6-6　The interpolation results of daily meteorological data（May 1，2009）

6.3.2.1　冬小麦叶面积指数

本研究冬小麦叶面积指数测定采用长宽系数法（刘自华，1997；刘战东等，2008；杨鹏和李春强，2015；白青蒙等，2020）。首先，每个点取有代表性苗株20株，分别用直尺测量每株各叶片的叶长（L_{ij}）和最大叶宽（B_{ij}）（一般测定具有同化能力的绿色叶片），再根据式（6-8）求出叶面积指数。

$$\text{LAI} = \alpha \times \rho_{\text{种}} \times \frac{\sum_{j=1}^{m} \sum_{i=1}^{n} (L_{ij} \cdot B_{ij})}{m} \tag{6-8}$$

式中，L_{ij}为每株各叶片的叶长（m），B_{ij}为每株各叶片的最大叶宽（m），

α为折算系数（冬小麦取0.83），$\rho_{种}$为种植密度（株/m²），n为第j株的总叶片数（个），m为测定株数（株）。其中，种植密度可通过田间调查获得。

6.3.2.2　冬小麦地上生物量

调查中，每个样方内均匀布置5个采样点，每个采样点样框大小为50cm×50cm，在每个样点进行冬小麦地上干生物量采集。为准确获得每个地面样方的地上干生物量数据，研究中将5个样点的干生物量进行平均处理，从而获得更加准确的典型样方观测数据，进而提高验证的样方数据质量。采集地上生物量过程中，在对采样点进行准确定位基础上，分别收割样点中50cm×50cm采样框内冬小麦地上部分并装入保鲜袋。在实验室中，对冬小麦植株105℃杀青0.5h，并在80℃下烘干48h至质量恒重（前后两次质量差≤5%），称得植株地上部干生物量。在此基础上计算采样点单位面积冬小麦地上干生物量（t/hm²）。

6.3.3　作物叶面积指数遥感反演

叶面积指数（Leaf area index，LAI）是本研究中的作物生长模型参数优化比较对象，因此，需要获取准确的区域范围叶面积指数遥感信息。目前，基于遥感信息的植被LAI反演方法可分为统计模型法、物理模型法以及两者相结合的半经验混合法（刘晓臣等，2008；王东伟等，2009；刘洋等，2013）。通过对LAI反演方法的对比，充分考虑研究区实际情况，本研究基于双层冠层反射率模型（A two-layer canopy reflectance model，ACRM）和MODIS反射率产品进行区域作物LAI的定量反演。

6.3.3.1　双层冠层反射率模型（ACRM）

ACRM模型（Kuusk，2001）是多光谱均质植被冠层反射率模型（Multispectral canopy reflectance model，MCRM）（Kuusk，1994）和马尔可夫链植被冠层反射率模型（Markovchain canopy reflectance model，MCRM）的扩展模型（Kuusk，1995），该模型是将叶片反射率模型PROSPECT和LIBERTY以及土壤反射率模型PRICE等模型进行耦合而成。通过耦合后得到的模型，不仅考虑了土壤的非朗伯特性和叶片的镜面反射，而且也考虑了植被冠层的热点效应和双参数的叶倾角分布，能够很好地描述具有双层结构的均匀植被冠层的反射特性。

ACRM模型将土壤反射率、冠层结构与光谱属性参数、传感器几何属性信息、入射源几何信息等同遥感观测某个波段、某个角度反射率信息相联系，对遥感反演地表反射率进行较好各向异性校正，使计算得到的方向性反射率数据与遥感观测数据达到最佳吻合，从而很好地描述具有双层结构的均匀植被冠层的反射特性（姜志伟，2012）。ACRM模型假定植被冠层模型由植被匀质层和地表植被薄层组成，该模型可以正向模式（Direct mode）计算光谱分辨率为1nm的双层结构冠层半球方向400~2 500nm波谱范围的反射率，同时也可以通过反向模式（Inversion mode），采用POWELL优化算法估算植被LAI、C_{ab}等生化物理参量。由于该模型不依赖于植被的具体类型或背景环境变化，因此具有较好的普适性，更加适合在区域范围内进行实际应用。

ACRM模型的主要输入参数包括外部观测参数、冠层结构参数、叶片生化参数以及土壤参数，具体如表6-1所示（姜志伟，2011）。ACRM模型所需输入太阳天顶角（θ_{sza}）、观测天顶角（θ_{vza}）和观测方位角（θ_{raa}）等外部输入参数可从使用的遥感影像数据产品中同步获取。用于计算入射辐射的散射比例Ångström浊度系数（β）应用Ångström的浊度公式计算得到（Iqbal，1983）。模型对叶片大小参数（S_L）由于敏感性较低，可参数化为LAI的函数，即参数S_L=0.5/LAI（Verhoef & Bach，2003），通过S_L和LAI的反比关系来反映作物在垂直方向上的生长主要通过新叶片的增加而非原有叶片的生长。在仅考虑观测天顶角时，其值可设为0.15（Fang et al.，2003）。马尔可夫参数（S_z）范围在0.4~1.0，当S_z取值0.4时，可代表显著成簇块的非均质植被冠层；当S_z取值1.0时，可代表叶片生长位置较为随机的均质冠层（Houborg et al.，2007；Houborg et al.，2009）。eL和θ_m分别表示叶片角分布参数和平均叶片角，一般采用平均叶倾角（θ_l）来参数化这两个参数，即仅考虑水平型（θ_m=0°）和竖直型（θ_m=90°）叶片方向，若将eL、θ_m分别取值为0°时，将不再依赖叶片角θ_m（Fang et al.，2003；Houborg & Boegh，2008；Xiao et al.，2011）。叶绿素a和b含量（C_{ab}）和叶面积指数（LAI）可分别由SPAD-502和LAI-2000两种仪器测定。叶片水分含量（C_w）参数对近红外（700~900nm）和可见光（400~700nm）波段反射率无影响，本研究中，该值可设为0.02cm（Houborg & Boegh，2008）。叶片干物质含量（C_m）对大于1 200nm波长的波段影响较为显著（Bacour et al.，2002），该值设为叶片光学特性试验（LOPEX' 93, the leaf optical properties experiment）的平均值50g/m²（Hosgood et al.，1995；Houborg et al.，2009）。叶片衰老时，叶片主要通过棕色素吸收光能。其中，叶黄素含量（C_{bp}）变化范围在0～6μg/m²。当C_{bp}=0时，表示无叶黄素光吸收；当C_{bp}=6μg/m²时，表示叶黄素最大光吸收。研究中，通常分别赋值将绿色叶片和衰老叶片分离。如部分学者将C_{bp}=0代表绿色叶片，C_{bp}=3μg/m²代表黄色叶片，衰老叶片叶肉结构和叶绿素含量分别设为2.5μg/m²和0μg/m²（Houborg et al.，2009）。叶片结构参数（N）通常设为1.55来代表小麦等作物均值，但实际应用时该值需要依据比叶重适当调整（Jacquemoud et al.，2000；Haboudane et al.，2004）。本研究中，叶片折射指数（n）设为默认值0.9（Kuusk，2009）。ACRM模型考虑非朗伯土壤反射率，其波谱变化可近似为$rsl1$、$rsl2$、$rsl3$、$rsl4$这4个矢量函数，由于前2个矢量可解释土壤反射率波谱变化的94.2%（Price，1990），因此，本研究仅考虑前2个矢量。

表6-1　ACRM辐射传输模型输入参数

Tab. 6-1　The input parameters of ACRM radiative transfer model

参数	描述	取值范围
β	浊度系数 Ångström turbidity coefficient	0～0.5
θ_{sza}	太阳天顶角（°）Solar zenith angle	0～90
θ_{raa}	观测方位角（°）Relative azimuth angle	0～180
θ_{vza}	观测天顶角（°）View zenith angle	0～90
LAI	叶面积指数 Leaf area index	0～8
S_L	叶片大小参数 Relative leaf size parameter	0.01～1.00
S_z	马尔可夫参数 Markov（clumping）parameter	0.4～1.0
eL	叶片角分布参数（°）Eccentricity of the leaf angle distribution	0～4.5
θ_m	平均叶片角（°）Mean leaf angle of the elliptical LAD	0～90
SLW	叶片重（g·m⁻²）Leaf specific weight	100
C_{ab}	叶绿素a、b含量（%of SLW）Chlorophyll AB content	0.3～0.8

（续表）

参数	描述	取值范围
C_{w}	叶片水分含量（%of SLW）Leaf water content	$100 \sim 200$
C_{m}	叶片干物质含量（%of SLW）Leaf dry matter content	$95 \sim 100$
C_{bp}	叶黄素含量（%of SLW）Brown pigments content	$0 \sim 4.0$
N	叶片结构参数 Leaf structure parameter	$1 \sim 3$
n	叶片折射参数 Factor for refractive index	0.9
$rsl1$	土壤反射率参数 Weights of Price functions	$0.05 \sim 0.4$
$rsl2$		$-0.1 \sim 0.1$

6.3.3.2 并行技术下的ACRM模型反演叶面积指数

（1）MPI并行技术。由于该模型反演LAI中，ACRM运算效率较低，很大程度上影响了今后在应用过程中对LAI信息的时效性要求。因此，本研究将并行算法引入到基于ACRM的叶面积指数反演工作中。目前，主要有基于CPU和基于GPU这两大类并行处理方法，各有特点并有相应的具体处理方案，如通过CPU加速的MPI、OpenMP、PVM等，还有Intel的TBB等，基于GPU的有NVIDIA的CUDA和ATI的Stream技术。

本研究结合上述各种技术的特点和针对性，并考虑到遥感影像的数据特点和LAI反演算法的独特性，减少模型计算中的开销，并最终提高LAI反演的效率，本研究将MPI与辐射传输模型ACRM相结合，用于大区域的LAI反演研究。MPI（Message passing interface）是一个消息传递接口的标准，用于开发基于消息传递的并行程序。其目的是提供一个实际可用的、可移植的、高效的和灵活的消息传递接口标准。MPI以语言独立的形式来定义这个接口库，并提供了与C和Fortran语言的绑定。这个定义不包含任何专用于某个特别的制造商、操作系统或硬件的特性。由于这个原因，MPI在并行计算界被广泛地接受。通过利用MPI并行技术，不仅为遥感指数反演并行运算提供很好地理论基础，更为解决农业估产领域中LAI反演的瓶颈问题提供很好的思路（图6-7）。

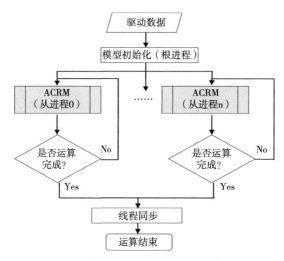

图6-7 基于MPI的ACRM模型运算流程

Fig. 6-7 Operation flow of ACRM model based on MPI

（2）MODIS反射率数据与预处理。高空间分辨率遥感影像能够较好地避免不同陆地覆盖类型的反射率信号之间的混合干扰，但往往时间分辨率很低，并不适合监测重要冠层变量的时间变化特征。而MODIS遥感影像则较好地折中空间分辨率和时间频率之间的矛盾。MODIS反射率产品（MOD/MYD09）是将大气和地表二向反射率模型（BRDF）与邻近效应模型（大气点扩散函数）连接，经MODIS L1B数据气体吸收、分子和气溶胶散射校正处理后的产品（Vermote et al.，2002）。该产品提供7个波段的反射率数据，其中红（648nm）和近红外NIR（858nm）反射率数据空间分辨率为250m，蓝（470nm）、绿（555nm）、中红外MIR（1 240nm、1 640nm、2 130nm）反射率数据空间分辨率为500m。本研究从EOS Data Gateway 官方网站（http://modis.gsfc.nasa.gov/）获取了2009年3—6月期间8d合成的空间分辨率为500m的MOD09A1反射率数据产品。

研究应用MRT（MODIS reprojection tool）工具将MOD09A1反射率数据由正弦栅格投影系统转换为UTM WGS84投影系统，然后应用研究区边界矢量图提取研究区反射率数据。影像获取时刻的太阳天顶角、观测天顶角和方位角可从反射率数据中同步获取。由于MODIS反射率数据已做了较好的大气校正，因此在应用该数据进行植被LAI反演时无须气溶胶数据。

（3）ACRM模型叶面积指数反演技术。ACRM模型可以正向模式计算波谱分辨率为1nm的冠层半球方向400～2 500nm反射率，同时也可以反向模式应用优化算法（POWELL）估算最佳模型输入参数，如LAI。ACRM算法首先读取输入的驱动参数（红光、近红外反射率数据、环境参数、叶片参数、土壤背景参数等）原始地表参数数据集，模型计算相应的植被冠层反射率，并与原始输入的反射率数据建立代价函数，其代价函数定义为式（6-9）（姜志伟等，2011）。

$$F(X) = \sum_{j=1}^{m} \frac{\rho_j^* - \rho_j}{\varepsilon_j}^2 + \sum_{i=1}^{n} \left[(x_i - x_{i,b})^4 \omega_i^2 + \left(\frac{x_i - x_{e,i}}{dx_i} \right)^2 \right] \quad （6-9）$$

式中，X为模型输入参数；ρ_j^*为遥感观测冠层反射率；ρ_j为模拟冠层反射率；ε_j为观测反射率误差，即不确定性估计；m为观测反射率值个数；x_i为模型参数，当x_i落在阈值范围内时，$x_i=0$，否则为一个常数；$x_{i,b}$为该参数的边界值；ω_i为权重，$x_{e,i}$为参数x_i的专家估计；dx_i为参数x_i的容差，控制优化函数对专家估计的敏感性。

利用POWELL优化算法寻找出最优的地表参数结果，使得模拟的反射率与遥感观测的反射率之间的偏差最小，完成最终的模拟，其技术路线如图6-8所示。

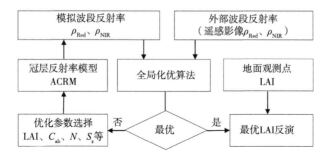

图6-8 基于MODIS反射率和ACRM模型反演LAI技术路线

Fig. 6-8 Technical route of LAI inversion based on MODIS reflectivity and ACRM model

从系统角度来看，ACRM模型可分解为模型控制、驱动数据和模型算法3部分。驱动数据包括模型运行所需要的红光波段、近红外波段、太阳天顶角、太阳方位角、卫星天顶角、卫星方位角、光谱信息、叶绿素等数据。模型控制负责读取所有输入数据，模型算法负责计算最终的LAI等。本研究在考虑并行运算技术的基础上，应用ACRM冠层辐射传输模型和MODIS地表反射率数据在河北衡水地区进行了地表植被叶面积指数反演工作，并开发了相应基于MODIS反射率和ACRM模型反演LAI的软件系统，具体结果如图6-9所示。

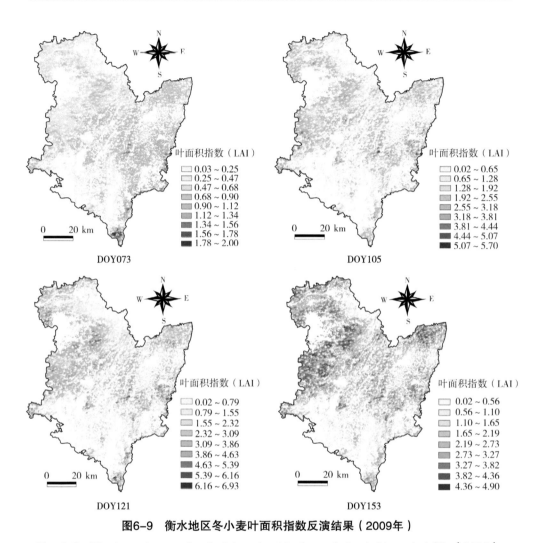

图6-9　衡水地区冬小麦叶面积指数反演结果（2009年）

Fig. 6-9　The inversion results of winter wheat leaf area index in Hengshui City（2009）

（4）冬小麦叶面积指数反演结果验证。通过在衡水地区实际获取的田间实测冬小麦LAI与MODIS反演LAI结果进行验证可知，基于ACRM模型反演LAI取得了较高精度结果，与冬小麦地面观测LAI值具有较高的线性相关性。其中，返青期、拔节期、抽穗期、乳熟期遥感反演叶面积指数与实际观测值间的拟合精度（R^2）分别为0.960 1、0.817 8、0.805 6、0.716 5，相对误差（RE）分别为4.32%、3.77%、2.11%、1.93%，均方根误差（RMSE）分别为0.062 9、0.455 4、0.441 6、0.427 5，归一化均方根误差（NRMSE）分别为14.53%、13.16%、9.74%、13.69%，如图6-10所示。结果表明，冬小麦反演

LAI结果与当地实际作物叶面积指数调查结果较为吻合，叶面积指数反演结果能够较好地反映区域作物长势状况，这对改善和提高区域作物长势监测和作物生物量估测精度具有重要意义。另外，也说明本研究基于ACRM反演冬小麦叶面积指数方案具有一定可行性，能够保证区域范围内冬小麦作物叶面积指数反演精度，可以获得区域范围内高精度冬小麦叶面积指数空间信息。

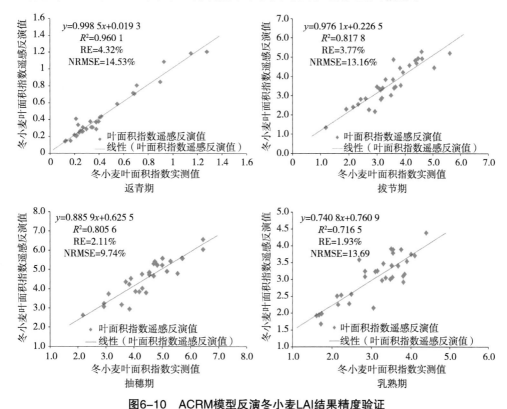

图6-10　ACRM模型反演冬小麦LAI结果精度验证

Fig. 6-10　The accuracy verification of winter wheat LAI inversion based on ACRM model

6.4　结果与分析

通过利用遥感LAI数据同化作物生长模型，本研究实现了黄淮海地区河北省衡水市冬小麦地上生物量定量模拟。研究中，由于EPIC生长模型可以模拟作物每日生物量累积情况，因此，本研究可以利用生长模型获得作物生长期内冬小麦每日的地上生物量空间分布信息。如图6-11所示为2009年冬小麦返青期、拔节期、抽穗期和成熟期的冬小麦地上生物量模拟结果。

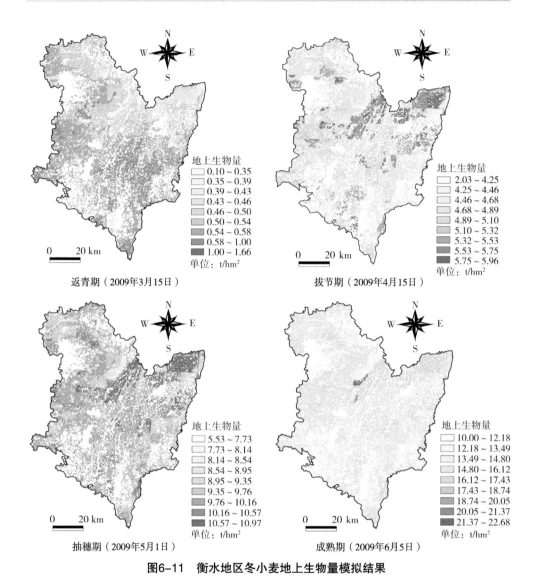

图6-11　衡水地区冬小麦地上生物量模拟结果

Fig. 6-11　The simulation results of aboveground biomass of winter wheat in Hengshui City

　　通过分析可知，研究区衡水地区返青期、拔节期、抽穗期和成熟期的区域冬小麦小麦地上生物量分别为0.521 0t/hm²、4.804 0t/hm²、9.557 0t/hm²和15.022 0t/hm²。通过当年衡水地区不同生育期动态观测对主要生育期地上生物量精度验证分析可知，返青期、拔节期、抽穗期和成熟期区域地上生物量模拟相对误差分别为6.94%、5.12%、2.27%和1.37%，返青期、拔节期、抽穗期和成熟期区域地上生物量模拟归一化均方根误差分别16.09%、14.97%、12.06%

和11.87%。可见，本研究中基于遥感和作物生长模型同化的区域冬小麦作物生物量模拟与估算取得了较高的精度结果，对指导该区农业生产管理和区域内农作物估产精度的提高具有重要意义。衡水地区冬小麦地上生物量模拟具体统计结果和精度验证结果，如表6-2和图6-12所示。

表6-2　衡水市冬小麦地上生物量模拟结果统计及精度验证

Tab. 6-2　The statistics of simulation results of winter wheat aboveground biomass and their accuracy verification in Hengshui City

生育期	衡水地区冬小麦地上生物量模拟结果（t/hm²）			精度验证结果（n=30）			
	最小值	最大值	平均值	R^2	RE（%）	RMSE（t/hm²）	NRMSE（%）
返青期	0.10	1.66	0.521 0	0.931 9	6.94	0.118 3	16.09
拔节期	2.03	5.96	4.804 0	0.726 5	5.12	0.440 7	14.97
抽穗期	5.53	10.97	9.557 0	0.728 1	2.27	0.890 7	12.06
成熟期	10.00	22.68	15.022 0	0.773 6	1.37	1.771 7	11.87

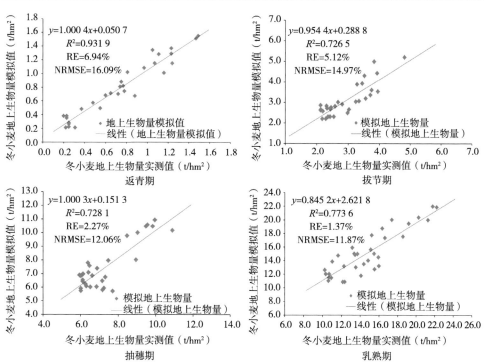

图6-12　衡水地区冬小麦地上生物量精度验证结果

Fig. 6-12　The verification results of winter wheat aboveground biomass in Hengshui City

6.5 本章小结

（1）本研究基于MODIS反射率数据和辐射传输模型开展了服务于作物生物量长势指标定量模拟的作物叶面积指数遥感反演研究，实现了作物叶面积指数的高精度反演，为开展大范围作物生物量长势指标定量模拟提供高精度外部同化数据奠定了重要基础。

（2）在前期作物模型参数灵敏度分析、参数本地化和区域化等研究基础上，开展了区域冬小麦地上生物量指标定量模拟关键技术研究。研究中，以遥感反演的LAI作为结合点，利用全局优化的复合形混合演化（SCE-UA）算法实现了基于EPIC模型与遥感LAI数据同化的区域作物生物量模拟，成功构建了基于遥感数据同化作物生长模型的作物生物量长势指标模拟系统，实现了适合大范围作物生物量指标的高精度模拟。

（3）本研究的出发点是实现基于作物生长机理模型的作物地上生物量高精度模拟，以期为农作物长势监测和产量估算等监测业务提供农作物生长状况信息，因此，研究中除了要考虑模型和方法在区域应用中的精度和效率，更重要的是保证在数据信息经常为不完备状态下的业务化作物估产工作中模型和方法必须具有较强的可操作性。因此，研究中采用了相对简单的同化策略，这对本研究中基于遥感信息和作物生长模型同化的区域作物生物量模拟技术在更大范围中得到实际应用具有重要意义。

（4）本研究中模型模拟单元的标准网格大小为1km，但当模型在更大范围的省级或全国范围内运行时，既要保证模拟精度，同时又要兼顾运行效率，因此，作物生物量模拟网格系统大小尺度择优、同化算法改进、提高运算效率等方面工作仍然有待进一步完成；本研究的优化比较参数仅选择了遥感LAI，其他多源遥感参数（如NDVI、EVI和ET等）的同化效果比较和同化方案优选工作也需要进一步开展。此外，进一步提高农作物叶面积指数遥感定量反演精度，对于进一步提高区域作物地上生物量模拟精度也具有重要意义。

7 展望

生物量是生态系统研究中重要的生物物理参数，也是估算多种植物冠层功能过程和全球变化监测的主要参数之一（Scurlock et al., 2002；郑阳，2017）。农田作为全球碳循环中的重要角色和陆地生态系统的重要组成部分，开展农田生物量监测对陆地生态系统能量平衡和能量流动研究具有重要意义。农作物生物量是作物产量形成的基础，不仅可以反映作物长势，利于衡量作物生长发育状况，而且也是产量高低的重要指示因子，因此，准确的作物生物量估算对于大范围作物长势监测和产量预测、国家有效指导农业生产、保障国家粮食安全、促进农业可持续发展、全球碳循环和生物质能源利用等均有重要的意义。本书以我国北方粮食主产区黄淮海平原为研究区域，以河北省衡水市等地为典型试验区，以冬小麦为研究对象，在野外观测试验、室内数据处理与分析、室内模型建立与定量模拟等支持下，对作物地上生物量遥感估算的统计模型、半机理模型和机理模型等进行了探索研究和应用，并且取得了一些应用成果，这对促进农作物地上生物量及时准确的信息获取具有一定意义。随着遥感技术和信息技术的不断发展，可获取的遥感数据日益增多，作物生物量遥感估算研究将在现有技术方法基础上不断完善，必将在新理论、新技术、新方法和新应用等方面取得更大发展（杜鑫等，2010；王渊博等，2016）。

7.1 新遥感数据源不断涌现将促进作物生物量遥感估算新技术发展

随着越来越多的多光谱、高光谱、雷达等传感器的发射，基于不同数据源和不同角度研究的作物生物量估算方法将不断开展，从而促进不同估算结果间的相互验证。随着国内外遥感数据在时间分辨率、空间分辨率和光谱分辨率的不断提升，特别是随着国产高分系列卫星的不断发射，多源数据综合应用将成为可能，越来越多的适于估算作物生物量的模型、方法和新型植被指数将被不断提出，必将促进作物生物量估算技术的发展和精度提高。此外，随着无人机技术的不断发展，将无人机遥感信息与卫星遥感数据进行深度结合，必将在大范围农作物生物量反演中发挥更大的作用（陆国政等，2017；杨凡，2017；刘畅等，2018；石雅娇和陈鹏飞，2019；杨俊等，2019；程志强等，2020；Yue et al.，2019；Yue et al.，2021；韩文霆等，2021）。

7.2 进一步加强对现有作物生物量遥感估算技术方法的不断完善

基于净初级生产力的作物生物量遥感估算方法是近些年常用半机理模型方法之一，也是大范围作物生物量遥感估算中具有较好应用前景的方法。该类方法虽然容易与遥感技术相结合，可充分发挥遥感信息的优势，但该类方法中生理生态过程模型和光能利用率模型均有待进一步完善，如上述模型中植物光合作用、能量积累和分配以及光能利用率模型中光能转化效率系数定量化等重要问题，均需要深入研究和完善，上述问题对于生物量形成本质的描述、模型区域应用和尺度转换均具有重要意义，特别是有利于净初级生产力和生物量形成普适性模型的建立和净初级生产力估算水平的提高，从而提高作物生物量遥感反演的精度和水平。

基于作物生长机理模型的作物生物量估算方法研究也是今后重要的发展趋势之一。其中，一方面需要加强作物生长模型自身作物生理生态过程研究以及作物生物量形成过程定量描述和预测研究，另一方面也要充分发挥作物生长模型机理性强、时间连续和遥感数据空间连续、现势性强等优势，进一步加强遥感信息和作物生长模型同化的作物生物量模拟和估算的探索，特别是加强不同主流模型（如WOFOST、DSSAT和EPIC等）不同同化方法（如EnKF、PF、POD-4DVar、SCE-UA等）支持下的作物生长模型作物生物量模拟比较研究，具体研究包括模型参数本地化、模型区域化、模型同化方案、模型模拟最优尺度筛选、多源遥感数据组网的模型同化、同化模型不确定分析、不同尺度作物生物量精度验证等方面，从而进一步提高作物生物量模拟和估算的定量化程度和精度水平。此外，也要加强作物生长模型和气候模型耦合研究，进一步提高区域作物生物量预测的精度和水平，从而不断提升我国区域作物生长监测与评价的能力和水平。

此外，随着遥感技术、空间信息技术、计算机科学、数学和自动化等多学科的共同发展，机器学习正逐步发展为新的学科方向，各种学习方法和集成学习系统在快速兴起，各种学习方法的应用不断扩大，机器学习方法（如支持向量机法、随机森林法、神经网络法和深度学习等）必将在作物生物量遥感估算中得到深入研究和应用，特别是随着大数据时代的到来，数据挖掘技术会越来越受到重视，机器学习方法也必将发挥更大的作用（杨晓华等，2009；崔日鲜等，2015；李武岐等，2020）。

7.3   开展多模型多方法整合和多源数据协同的生物量反演

农作物生物量估测模型的整合以及多源数据的协同是未来生物量估测的发展趋势。由于每种模型都有各自的特点和优势，为充分发挥各自模型的优势，将多种模型进行整合，得到更高精度的作物生物量估算结果，将是今后该领域的发展趋势。多源遥感数据协同和融合是遥感技术向纵深发展的必然，多源遥感数据所提供的信息的互补性和合作性可提高生物量估测的精度。因此，随着不同数据源和不同模型方法的生物量估测算法的不断完善，不同数据源和不同模型方法之间的综合应用和结果间交叉验证将成为今后作物生物量估算的重要发展趋势之一。

7.4   作物生物量遥感估测中尺度效应和真实性检验研究需加强

地表自然条件和作物种植结构的复杂性导致大范围作物生物量遥感估算中混合像元成为客观存在的问题，因此，加强混合像元分解方法研究必将对提高作物生物量估算精度起到重要作用。此外，由于不同空间分辨率遥感数据、模型非线性及区域空间异质性导致生物量遥感估算中尺度效应客观存在，但目前该部分研究仍显得不足。为降低尺度效应对作物生物量估算精度的影响，今后需要加强尺度效应对生物量估算精度影响研究。此外，生物量估测精度验证是生物量估算中的重要环节。日前，精度验证大都采用地面实测数据或统计数据进行直接或间接验证，但是点位尺度地面实测数据与空间连续遥感影像不能完全匹配，因此，作物生物量地面实测验证的地块选取、样方布设以及不同方法间交叉验证均需加强研究。此外，生物量估算结果误差来源及其对估算结果的不确定性影响也需深入研究。

　　总之，从连续多年的"中央一号"文件、中央农村工作会议以及《中共中央关于制定国民经济和社会发展第十四个五年规划和二〇三五年远景目标的建议》等一系列"三农"工作发展要求、发展思路的重大文件和相关政策看出，随着我国社会经济的快速发展，国家粮食安全、农业农村可持续发展、农业资源利用、环境保护和生态建设等一系列问题不仅越来越格外受到重视，而且对我国的长远发展也具有重要战略意义，特别是"十三五"时期，我国现代农业建设取得一系列重大进展，乡村振兴实现良好开局，"十四五"时期，我国乘势而上开启全面建设社会主义现代化国家新征程并向第二个百年奋斗目标进军，国家在解决"三农"问题、全面推进乡村振兴和农业农村现代化建设等方面进行了一系列重大政策制定和战略部署。其中，随着国家农业供给侧结构性改革深入推进、粮食和重要农产品供给保障能力提升、耕地利用与保护性耕作、高标准农田建设、农业绿色发展推进、黑土地保护工程、耕地休耕轮作制度等政策实施都对国家粮食安全、国家粮食生产、国家重大政策实施等宏观监测和政策科学制定提出了更高的要求，而其中遥感技术在农业资源调查（如农作物秸秆资源数量和分布、耕地数量和分布、耕地产能、耕地质量、土壤肥力和土壤养分以及果园、设施农业和养殖水面等监测）、农作物生产过程遥感监测（如作物面积监测、作物长势监测、作物生产力监测和产量估测等）、农业灾害监测与损失评估（如旱涝、秸秆焚烧、病虫害等）、农业政策实施监管与效果评价（如高标准农田建设监测监管、耕地轮作休耕遥感核查、耕地撂荒监测、耕地"非农化"和"非粮化"监测、粮食功能区和重点农产品保护区划定等）、农村人居环境监测等方面必将发挥更加重要的作用。其中，农作物生物量的准确估测不仅利于农作物秸秆资源监测、作物长势监测、作物生产力监测和产量估算的精度提高，促进国家农业农村管理部门对农业生产的有效指导，而且也会促进我国粮食和重要农产品供给保障能力提升、耕地利用与保护性耕作、农业绿色发展、国家生物质能源利用、农作物秸秆资源综合利用以及农业政策、农业工程实施的高效监管（如秸秆覆盖度监测、秸秆还田监测）。因此，在国家大力推进碳达峰、碳中和工作的大背景下，进一步围绕作物生物量遥感估测的未来发展趋势开展深入研究，必将对我国绿色低碳发展、保障国家粮食安全、农业现代化发展、农业农村可持续发展和农业农村遥感监测技术进步等起到积极的促进作用。

本书作者长期从事农业遥感基础研究与应用研究，在作物遥感估产、遥感和生长模型同化、作物和土壤关键参数遥感定量反演等方面做了较为系的研究。其中，作物生物量作为作物长势监测和作物产量估测中的重要参数和信息，作者对该参数进行了大量研究，但其中的工作有深有浅。随着国内外遥感技术的飞速发展，遥感数据源不断丰富，本书部分技术细节有待进一步完善和提高才能满足国家社会经济快速发展对农业农村遥感监测的更高要求，期望本书能为从事农业遥感事业的专业人员和从事农业遥感学习的研究生提供一些参考。

参考文献

白青蒙，韩玉国，彭致功，等，2020. 利用叶面积指数优化冬小麦高光谱水分预测模型[J]. 应用与环境生物学报，26（4）：943-950.

陈华，2005. 基于MODIS的农田净初级生产力遥感方法研究[D]. 北京：中国科学院.

陈拉，黄敬峰，王秀珍，等，2008. 不同传感器的模拟植被指数对水稻叶面积指数的估测精度和敏感性分析[J]. 遥感学报，12（1）：144-151.

陈利军，2001. 中国植被NPP的遥感评估研究[D]. 北京：中国科学院.

陈利军，刘高焕，冯险峰，2002. 遥感在植被净第一性生产力研究中的应用[J]. 生态学杂志，21（2）：53-57.

陈鹏飞，Nicolas Tremblay，王纪华，等，2010. 估测作物冠层生物量的新植被指数的研究[J]. 光谱学与光谱分析，30（2）：512-517.

陈仲新，任建强，唐华俊，等，2016. 农业遥感研究应用进展与展望[J]. 遥感学报，20（5）：748-767.

程志强，蒙继华，2015. 作物单产估算模型研究进展与展望[J]. 中国生态农业学报，23（4）：402-415.

程志强，蒙继华，纪甫江，等，2020. 基于WOFOST模型与UAV数据的玉米生长后期地上生物量估算[J]. 遥感学报，24（11）：1403-1418.

程志庆，张劲松，孟平，等，2015. 植被参数高光谱遥感反演最佳波段提取算法的改进[J]. 农业工程学报，31（12）：179-185.

崔日鲜，刘亚东，付金东，2015. 基于可见光光谱和BP人工神经网络的冬小麦生物量估算研究[J]. 光谱学与光谱分析，35（9）：2596-2601.

戴小华，余世孝，2004. 遥感技术支持下的植被生产力与生物量研究进展[J]. 生态学杂志，23（4）：92-98.

邓江, 谷海斌, 王泽, 等, 2019. 基于无人机遥感的棉花主要生育时期地上生物量估算及验证[J]. 干旱地区农业研究, 37（5）: 55-61.

董彦芳, 孙国清, 庞勇, 等, 2005. 基于ENVISAT ASAR数据的水稻监测[J]. 中国科学（D辑）, 35（7）: 682-689.

董羊城, 蔡炳祥, 王福民, 等, 2019. 基于最佳植被指数组合的水稻鲜生物量估测[J]. 科技通报, 35（6）: 58-65.

杜文勇, 何雄奎, SHAMAILA Z, 等, 2011. 冬小麦生物量和产量的AquaCrop模型预测[J]. 农业机械学报, 42（4）: 174-178, 183.

杜鑫, 蒙继华, 吴炳方, 2010. 作物生物量遥感估算研究进展[J]. 光谱学与光谱分析, 30（11）: 3098-3102.

范云豹, 宫兆宁, 赵文吉, 等, 2016. 基于高光谱遥感的植被生物量反演方法研究[J]. 河北师范大学学报（自然科学版）, 40（3）: 267-271.

封志明, 杨艳昭, 丁晓强, 等, 2004. 气象要素空间插值方法优化[J]. 地理研究, 23（3）: 357-364.

冯美臣, 肖璐洁, 杨武德, 等, 2010. 基于遥感数据和气象数据的水旱地冬小麦产量估测[J]. 农业工程学报, 26（11）: 183-188.

冯晓明, 2006. 多角度MISR数据用于区域生态环境定量遥感研究[D]. 北京: 中国科学院.

付元元, 王纪华, 杨贵军, 等, 2013. 应用波段深度分析和偏最小二乘回归的冬小麦生物量高光谱估算[J]. 光谱学与光谱分析, 33（5）: 1315-1319.

高海亮, 顾行发, 余涛, 等, 2014. Hyperion遥感影像噪声去除方法研究[J]. 遥感信息, 29（3）: 4-7.

高红民, 李臣明, 王艳, 等, 2015年7月1日. 一种高光谱遥感影像波段选择方法[P]. 中国专利, 104751176A.

韩文霆, 汤建栋, 张立元, 等, 2021. 基于无人机遥感的玉米水分利用效率及生物量监测[J]. 农业机械学报, 52（5）: 129-141.

何诚, 冯仲科, 韩旭, 等, 2012. 于多光谱数据的永定河流域植被生物量反演[J]. 光谱学与光谱分析, 32（12）: 3353-3357.

何磊, 2016. 小麦微波散射机理与生物量参数反演研究[D]. 成都: 四川电子科技大学.

何元磊, 刘代志, 易世华, 2010. 一种新的高光谱图像波段选择方法[J]. 光电工程（9）: 122-126.

贺法川，2020. 基于合成孔径雷达遥感影像的农作物分类及生物量反演研究[D].
　　长春：吉林大学.

贺佳，刘冰峰，郭燕，等，2017. 冬小麦生物量高光谱遥感监测模型研究[J]. 植物
　　营养与肥料学报，23（2）：313–323.

侯学会，牛铮，黄妮，等，2012. 小麦生物量和真实叶面积指数的高光谱遥感估
　　算模型[J]. 国土资源遥感，24（4）：30-35.

侯英雨，柳钦火，延昊，等，2007. 我国陆地植被净初级生产力变化规律及其对
　　气候的响应[J]. 应用生态学报，18（7）：1546-1553.

黄健熙，黄海，马鸿元，等，2018. 遥感与作物生长模型数据同化应用综述[J]. 农
　　业工程学报，34（21）：144-156.

黄健熙，马鸿元，田丽燕，等，2015. 基于时间序列LAI和ET同化的冬小麦遥感
　　估产方法比较[J]. 农业工程学报，31（4）：197-203.

黄耀，王彧，张稳，等，2006. 中国农业植被净初级生产力模拟（Ⅰ）——模型
　　的建立与灵敏度分析[J]. 自然资源学报，21（5）：790-801.

黄耀，王彧，张稳，等，2006. 中国农业植被净初级生产力模拟（Ⅱ）——模型
　　的验证与净初级生产力估算[J]. 自然资源学报，21（6）：916-925.

贾学勤，冯美臣，杨武德，等，2018. 基于多植被指数组合的冬小麦地上干生物
　　量高光谱估测[J]. 生态学杂志，37（2）：424-429.

姜志伟，2012. 区域冬小麦估产的遥感数据同化技术研究[D]. 北京：中国农业科
　　学院.

姜志伟，陈仲新，任建强，等，2012. 粒子滤波同化方法在CERES-Wheat作物模
　　型估产中的应用[J]. 农业工程学报（14）：138-146.

姜志伟，陈仲新，任建强，2011. 基于ACRM辐射传输模型的植被叶面积指数遥
　　感反演[J]. 中国农业资源与区划，32（1）：57-63.

康伟，张王菲，张亚红，等，2019. 小麦生物量极化分解参数响应及反演[J]. 沈阳
　　农业大学学报，50（5）：585-594.

李粉玲，常庆瑞，2017. 基于连续统去除法的冬小麦叶片全氮含量估算[J]. 农业机
　　械学报，48（7）：174-179.

李粉玲，王力，刘京，等，2015. 基于高分一号卫星数据的冬小麦叶片SPAD值遥
　　感估算[J]. 农业机械学报，46（9）：273-281.

李士进，常纯，余宇峰，等，2014. 基于多分类器组合的高光谱图像波段选择方

法[J]. 智能系统学报，9（3）：372-378.

李天佐，2018. 基于多源数据的小麦多参数生物量遥感监测研究[D]. 银川：宁夏大学.

李卫国，顾晓鹤，王尔美，等，2019. 基于作物生长模型参数调整动态估测夏玉米生物量[J]. 农业工程学报，35（7）：136-142.

李卫国，王纪华，赵春江，等，2007. 冬小麦抽穗期长势遥感监测的初步研究[J]. 江苏农业学报，23（5）：499-500.

李武岐，徐峰，杨丰栓，等，2020. 基于机器学习的水稻地上生物量遥感反演[J]. 中国科技纵横（12）：228-229.

李新，程国栋，卢玲，2000. 空间内插方法比较[J]. 地球科学进展，15（3）：260-265.

李志花，冯美臣，王超，等，2015. 冬小麦高光谱信息提取方法的研究[J]. 山西农业大学学报（自然科学版），35（5）：467-473.

梁继，王建，2009. Hyperion高光谱影像的分析与处理[J]. 冰川冻土，31（2）：247-253.

梁顺林，李小文，王锦地，2013. 定量遥感：理念与算法[M]. 北京：科学出版社.

廖靖，胡月明，赵理，等，2019. 结合数据融合算法的光能利用率模型反演水稻地上部生物量[J]. 江苏农业学报，35（3）：594-601.

刘冰峰，李军，贺佳，等，2016. 基于高光谱植被指数的夏玉米地上干物质量估算模型研究[J]. 农业机械学报，47（3）：254-262.

刘畅，杨贵军，李振海，等，2018. 融合无人机光谱信息与纹理信息的冬小麦生物量估测[J]. 中国农业科学，51（16）：3060-3073.

刘峰，李存军，董莹莹，等，2011. 基于遥感数据与作物生长模型同化的作物长势监测[J]. 农业工程学报，27（10）：101-106.

刘建平，赵英时，孙淑玲，2001. 高光谱遥感数据最佳波段选择方法试验研究[J]. 遥感信息（1）：7-13.

刘明，冯锐，纪瑞鹏，等，2015. 基于MODIS-NDVI的春玉米叶面积指数和地上生物量估算[J]. 中国农学通报，31（6）：80-87.

刘明星，李长春，李振海，等，2020. 基于高光谱遥感与SAFY模型的冬小麦地上生物量估算[J]. 农业机械学报，51（2）：192-202.

刘晓臣，范闻捷，田庆久，等，2008. 不同叶面积指数反演方法比较研究. 北京大学学报（自然科学版），44（5）：827-834.

刘洋，刘荣高，陈镜明，等，2013. 叶面积指数遥感反演研究进展与展望. 地球信息科学学报，15（5）：734-743.

刘占宇，黄敬峰，吴新宏，等，2006. 草地生物量的高光谱遥感估算模型[J]. 农业工程学报，22（2）：111-115.

刘战东，段爱旺，高阳，等，2008. 河南新乡地区冬小麦叶面积指数的动态模型研究[J]. 麦类作物学报，28（4）：680-685.

刘真真，张喜旺，陈云生，等，2017. 基于CASA模型的区域冬小麦生物量遥感估算[J]. 农业工程学报，33（4）：225-233.

刘自华，1997. 冬小麦春生叶面积矫正系数及叶面积指数的研究[J]. 麦类作物学报，17（1）：42-44.

陆国政，杨贵军，赵晓庆，等，2017. 基于多载荷无人机遥感的大豆地上鲜生物量反演[J]. 大豆科学，36（1）：41-50.

马龙，2005. 东北三江平原湿地植被NPP的遥感方法研究[D]. 北京：中国科学院.

蒙继华，吴炳方，杜鑫，等，2011. 遥感在精准农业中的应用进展及展望[J]. 国土资源遥感，23（3）：1-7.

蒙继华，吴炳方，钮立明，等，2010. 利用Hyperion数据进行环境星HSI红边参数真实性检验[J]. 光谱学与光谱分析，30（8）：2205-2210.

欧文浩，苏伟，薛文振，等，2010. 基于HJ-1卫星影像的三大农作物估产最佳时相选择[J]. 农业工程学报，26（11）：176-182.

浦瑞良，宫鹏，2000.高光谱遥感及其应用[M]. 北京：高等教育出版社.

乔星星，冯美臣，杨武德，等，2016. SG平滑处理对冬小麦地上干生物量光谱监测的影响[J]. 山西农业科学，44（10）：1450-1454.

秦军，2005. 优化控制技术在遥感反演地表参数中的研究与应用[D]. 北京：北京师范大学.

仇瑞承，苗艳龙，张漫，等，2018. 基于线性回归的玉米生物量预测模型及验证[J]. 农业工程学报，34（10）：131-137.

邱小雷，方圆，郭泰，等，2019. 基于地基LiDAR高度指标的小麦生物量监测研究[J]. 农业机械学报，50（10）：159-166.

任广波，张杰，汪伟奇，等，2014. 基于HJ-1高光谱影像的黄河口芦苇和碱蓬生物量估测模型研究[J]. 海洋学研究，32（4）：27-34.

任建强，陈仲新，唐华俊，等，2011. 基于遥感信息与作物生长模型的区域作物单产模拟[J]. 农业工程学报，27（8）：257-264.

沈国状，廖静娟，郭华东，等，2009. 基于ENVISAT ASAR数据的鄱阳湖湿地生物量反演研究[J]. 高技术通讯，19（6）：644-649.

石晓燕，汤亮，刘小军，等，2009. 基于模型和GIS的小麦空间生产力预测研究. 中国农业科学，42（11）：3828-3835.

石雅娇，陈鹏飞，2019. 基于无人机高光谱影像的玉米地上生物量反演[J]. 中国农学通报，35（17）：117-123.

宋开山，张柏，李方，等，2005. 高光谱反射率与大豆叶面积及地上鲜生物量的相关分析[J]. 农业工程学报，21（1）：36-40.

宋开山，张柏，于磊，等，2005. 玉米地上鲜生物量的高光谱遥感估算模型研究[J]. 农业系统科学与综合研究，21（1）：65-67.

宋月荷，冯美臣，尹超，等，2015. 不同播期冬小麦地上干物质的光谱监测[J]. 核农学报，29（6）：1158-1164.

孙华，林辉，熊育久，等，2006. SPOT5影像统计分析及最佳组合波段选择[J]. 遥感信息（4）：57-60.

谭昌伟，杨昕，罗明，等，2015. 以HJ-CCD影像为基础的冬小麦孕穗期关键苗情参数遥感定量反演[J]. 中国农业科学，48（13）：2518-2527.

谭正，刘湘南，张晓倩，等，2011. 作物生长模型同化SAR数据模拟作物生物量时域变化特征[J]. 中国农学通报，27（27）：161-167.

唐建民，廖钦洪，刘奕清，等，2015. 基于CASI高光谱数据的作物叶面积指数估算[J]. 光谱学与光谱分析，35（5）：1351-1356.

唐延林，王秀珍，王福民，等，2004. 农作物LAI和生物量的高光谱法测定[J]. 西北农林科技大学学报（自然科学版），32（11）：100-104.

陶惠林，冯海宽，徐良骥，等，2020. 基于无人机高光谱遥感数据的冬小麦生物量估算[J]. 江苏农业学报，36（5）：1154-1162.

田明璐，班松涛，常庆瑞，等，2016. 基于无人机成像光谱仪数据的棉花叶绿素含量反演[J]. 农业机械学报，47（11）：285-293.

田庆久，闵祥军，1998. 植被指数研究进展[J]. 地球科学进展，13（4）：327-333.

王备战，冯晓，温暖，等，2012. 基于SPOT-5影像的冬小麦拔节期生物量及氮积累量监测[J]. 中国农业科学, 45 (15): 3049-3057.

王成, 侯瑞锋, 乔晓军, 等, 2011-8-31. 一种农作物生物量测量装置及方法[P]. 中国专利, 102169008A.

王东伟, 孟宪智, 王锦地, 等, 2009. 叶面积指数遥感反演方法进展[J]. 五邑大学学报 (自然科学版), 23 (4): 47-52.

王尔美, 2018. 玉米长势与生物量遥感监测研究[D]. 合肥: 安徽农业大学.

王凡, 李敏阳, 2018. 冬小麦生物量高光谱敏感波段提取及监测[J]. 山西农业科学, 46 (5): 718-721.

王福民, 黄敬峰, 王秀珍, 等, 2008. 波段位置和宽度对不同生育期水稻NDVI影响研究[J]. 遥感学报, 12 (4): 626-632.

王福民, 黄敬峰, 唐延林, 等, 2007. 采用不同光谱波段宽度的归一化植被指数估算水稻叶面积指数[J]. 应用生态学报, 18 (11): 2444-2450.

王福民, 黄敬峰, 徐俊锋, 等, 2008. 基于光谱波段自相关的水稻信息提取波段选择[J]. 光谱学与光谱分析, 28 (5): 1098-1101.

王磊, 白由路, 卢艳丽, 等, 2012. 基于GreenSeeker的冬小麦NDVI分析与产量估算[J]. 作物学报, 38 (4): 747-753.

王丽爱, 周旭东, 董召娣, 2019. 基于HJ-CCD遥感数据和DK-SVR算法的小麦生物量估算研究[J]. 扬州大学学报 (农业与生命科学版), 40 (1): 14-19.

王晓玉, 2014. 以华东、中南、西南地区为重点的大田作物秸秆资源量及时空分布的研究[D]. 北京: 中国农业大学.

王秀珍, 黄敬峰, 李云梅, 等, 2003. 水稻地上鲜生物量的高光谱遥感估算模型研究[J]. 作物学报, 29 (6): 815-821.

王轶虹, 2016. 基于多源数据的中国农作物生物量演变特征研究[D]. 北京: 中国科学院大学.

王轶虹, 史学正, 王美艳, 等, 2016. 2001—2010年中国农作物可还田量的时空演变[J]. 土壤, 48 (6): 1188-1195.

王玉娜, 李粉玲, 王伟东, 等, 2021. 基于连续投影算法和光谱变换的冬小麦生物量高光谱遥感估算[J]. 麦类作物学报, 40 (11): 1389-1398.

王渊博, 冯德俊, 李淑娟, 等, 2016. 基于遥感信息的农作物生物量估算研究进展[J]. 遥感技术与应用, 31 (3): 468-475.

王治海, 金志凤, 李仁忠, 等, 2017. 基于ORYZA2000模型的浙江省单季稻生物量及产量结构的模拟与分析[J]. 江苏农业科学，45（11）：63-67.

吴芳，李映雪，张缘园，等，2019. 基于机器学习算法的冬小麦不同生育时期生物量高光谱估算[J]. 麦类作物学报，39（2）：217-224.

武婕，2014. 玉米成熟期地上生物量及其碳氮累积量的遥感估算[D]. 泰安：山东农业大学.

武婕，李玉环，李增兵，等，2014. 基于SPOT-5遥感影像估算玉米成熟期地上生物量及其碳氮累积量[J]. 植物营养与肥料学报，10（1）：64-74.

夏天，2010. 基于高光谱遥感的区域冬小麦生物量模拟及粮食安全评价[D]. 武汉：华中师范大学.

肖武，陈佳乐，笪宏志，等，2018. 基于无人机影像的采煤沉陷区玉米生物量反演与分析[J]. 农业机械学报，49（8）：169-180.

邢红，赵媛，王宜强，2015. 江苏省南通市农村生物质能资源潜力估算及地区分布[J]. 生态学报，35（10）：3480-3489.

徐梦园，2019. 耕地田块尺度大豆生物量遥感反演研究[D]. 哈尔滨：东北农业大学.

徐小军，杜华强，周国模，等，2008. 基于遥感植被生物量估算模型自变量相关性分析综述[J]. 遥感技术与应用，23（2）：239-247.

徐旭，陈国庆，王良，等，2015. 基于敏感光谱波段图像特征的冬小麦LAI和地上部生物量监测[J]. 农业工程学报，31（22）：169-175.

闫慧敏，刘纪远，曹明奎，2007. 中国农田生产力变化的空间格局及地形控制作用[J]. 地理学报，62（2）：171-180.

闫岩，柳钦火，刘强，等，2006. 基于遥感数据与作物生长模型同化的冬小麦长势监测与估产方法研究[J]. 遥感学报，10（5）：804-811.

杨晨波，冯美臣，孙慧，等，2019. 不同灌水处理下冬小麦地上干生物量的高光谱监测[J]. 生态学杂志，38（6）：1767-1773.

杨凡，2017. 基于无人机激光雷达和高光谱的冬小麦生物量反演研究[D]. 西安：西安科技大学.

杨俊，丁峰，陈晨，等，2019. 小麦生物量及产量与无人机图像特征参数的相关性[J]. 农业工程学报，35（23）：104-110.

杨鹏，李春强，2015. 基于MODIS数据的河北省冬小麦叶面积指数模型研究[J]. 灌溉排水学报，34（S1）：200-202.

杨鹏，吴文斌，周清波，等，2007. 基于作物模型与叶面积指数遥感同化的区域单产估测研究[J]. 农业工程学报，23（9）：130-136.

杨晓华，吴耀平，黄敬峰，等，2009. 基于支持向量机的水稻生物物理参数遥感估算[J]. 中国科学（C辑），39（11）：1080-1091.

姚付启，蔡焕杰，王海江，等，2012. 冬小麦冠层高光谱特征与覆盖度相关性研究[J]. 农业机械学报，43（7）：156-162.

姚阔，郭旭东，南颖，等，2016. 植被生物量高光谱遥感监测研究进展[J]. 测绘科学，41（8）：48-53.

姚霞，朱艳，冯伟，等，2009. 监测小麦叶片氮积累量的新高光谱特征波段及比值植被指数[J]. 光谱学与光谱分析，29（8）：2191-2195.

殷子瑶，刘唐，王震，2018. 基于光谱吸收深度分析的冬小麦生物量估算模型的建立[J]. 北京测绘，32（7）：788-793.

尹雯，李卫国，申双和，等，2018. 县域冬小麦生物量动态变化遥感估测研究[J]. 麦类作物学报，38（1）：50-57.

岳继博，齐修东，2016. 基于雷达植被指数的冬小麦生物量反演研究[J]. 河南城建学院学报，25（4）：86-92.

岳继博，杨贵军，冯海宽，2016. 基于随机森林算法的冬小麦生物量遥感估算模型对比[J]. 农业工程学报，32（18）：175-182.

翟鹏程，张永彬，宇林军，2017. 基于MODIS数据的小麦生物量估算模型研究[J]. 测绘与空间地理信息，40（7）：37-40.

张凯，王润元，王小平，等，2009. 黄土高原春小麦地上鲜生物量高光谱遥感估算模型[J]. 生态学杂志，28（6）：1155-1161.

张领先，陈运强，李云霞，等，2019. 可见光光谱的冬小麦苗期地上生物量估算[J]. 光谱学与光谱分析，39（8）：2501-2506.

张文龙，2011. 镇域尺度农田生态系统地上生物量遥感估算及地表有机碳储量研究[D]. 泰安：山东农业大学.

张新乐，徐梦园，刘焕军，等，2017. 引入地形因子的黑土区大豆干生物量遥感反演模型及验证[J]. 农业工程学报，33（16）：168-173.

张远，张中浩，苏世亮，等，2011. 基于微波冠层散射模型的水稻生物量遥感估算[J]. 农业工程学报，27（9）：100-105.

赵英时，2013. 遥感应用分析原理与方法[M]. 北京：科学出版社.

郑玲，朱大洲，董大明，等，2016. 多信息融合的冬小麦地上鲜生物量检测研究[J]. 光谱学与光谱分析，36（6）：1818-1825.

郑阳，2017. 作物生物量遥感估算方法研究[D]. 北京：中国科学院.

郑阳，吴炳方，张淼，2017. Sentinel-2数据的冬小麦地上干生物量估算及评价[J]. 遥感学报，21（2）：318-328.

周广胜，郑元润，陈四清，等，1998. 自然植被净第一性生产力模型及其应用[J]. 林业科学，34（5）：2-11.

周珺，2013. 基于遥感数据的重庆市净初级生产力（NPP）时空特征研究[D]. 重庆：西南大学.

朱文泉，陈云浩，徐丹，等，2005. 陆地植被净初级生产力计算模型研究进展[J]. 生态学杂志，24（3）：296-300.

庄东英，李卫国，武立权，等，2013. 冬小麦生物量卫星遥感估测研究[J]. 干旱区资源与环境，27（10）：158-162.

ALEXANDROV G A, OIKAWA T, YAMAGATA Y, 2002. The scheme for globalization of a process-based model explaining gradations in terrestrial NPP and its application[J]. Ecological Modelling, 148（3）：293-306.

ALLEN R G, PEREIRA L S, RAES D, et al., 1998. Crop evapotranspiration-Guidelines for computing crop water requirements [R]. FAO.

AMARAL L R, MOLIN J P, PORTZ G, et al., 2015. Comparison of crop canopy reflectance sensors used to identify sugarcane biomass and nitrogen status[J]. Precision Agriculture, 16（1）：15-28.

ANDREA A, PÉTER B, CSABA L, et al., 2015. Estimating biomass of winter wheat using narrowband vegetation indices for precision agriculture [J]. Journal of Central European Green Innovation, 3（2）：13-22.

ASRAR G, FUCHS M, KANEMASU E T, et al., 1984. Estimating absorbed photosynthetic radiation and leaf area index from spectral reflectance in wheat [J]. Agronomy Journal, 76：300-306.

BALKOVIČ J, VAN DER VELDE M, SCHMID E, et al., 2013. Pan-European crop modelling with EPIC：implementation, up-scaling and regional crop yield validation[J]. Agricultural Systems, 120：61-75.

BARET F, BUIS S, 2008. Estimating canopy characteristics from remote sensing observations: review of methods and associated problems[M]//In: Liang S (Ed.). Advances in Land Remote Sensing: System, Modeling, Inversion and Application. Springer, The Netherlands: 173-201.

BARET F, JACQUEMOUD S, GUYOT G, et al., 1992. Modelled analysis of the biophysical nature of spectral shifts and comparison with information content of broad bands[J]. Remote Sensing of Environment, 41: 133-142.

BASTIAANSSEN W G M, ALI S, 2003. A new crop yield forecasting model based on satellite measurements applied across the Indus Basin, Pakistan[J]. Agriculture, Ecosystems and Environment, 94 (3): 321-340.

BENDIG J, BOLTEN A, BARETH G, et al., 2013. UAV-based imaging for multi-temporal, very high resolution crop surface models to monitor crop growth variability[J]. Photogrammetrie-Fernerkundung-Geoinformation (6): 551-562.

BENDIG J, BOLTEN A, BENNERTZ S, et al., 2014. Estimating biomass of barley using crop surface models (CSMs) derived from UAV-based RGB imaging[J]. Remote Sensing, 6: 10395-10412.

BENDIG J, YU K, AASEN H, et al., 2015. Combining UAV-based plant height from crop surface models, visible, and near infrared vegetation indices for biomass monitoring in barley [J]. International Journal of Applied Earth Observation and Geoinformation, 39: 79-87.

BRADFORD J B, HICKE J A, LAUENROTH W K, 2005. The relative importance of light-use efficiency modification from environmental conditions and cultivation for estimation of large-scale net primary production[J]. Remote Sensing of Environment, 96 (2): 246-255.

BROGAARD S, RUNNSTROM M, SEAQUIST J W, 2005. Primary production of Inner Mongolia, China, between 1982 and 1999 estimated by a satellite data-driven light use efficiency model[J]. Global and Planetary Change, 45 (4): 313-332.

BROGE N H, LEBLANC E, 2000. Comparing prediction power and stability of broadband and hyperspectral vegetation indices for estimation of green leaf area index and canpony chlorophyll density[J]. Remote Sensing of Environment, 76 (2): 156-172.

BROWN S C M, QUEGAN S, MORRISON K, et al., 2003. High-resolution measurements of scattering in wheat canopies-implications for crop parameter retrieval[J]. Geoscience and Remote Sensing, 41（7）：1602-1610.

CASAS A, RIAÑO D, USTIN S L, et al., 2014. Estimation of water-related biochemical and biophysical vegetation properties using multi-temporal airborne hyperspectral data and its comparison to MODIS spectral response [J]. Remote Sensing of Environment, 148：28-41.

CHEN Z X, LI S, REN J, et al., 2008. Monitoring and management of agriculture with remote sensing[M]//Advances in Land Remote Sensing：System, Modeling, Inversion and Application. Springer：397-421.

DE WIT A J W, VAN DIEPEN C A, 2007. Crop model data assimilation with the Ensemble Kalman filter for improving regional crop yield forecasts [J]. Agricultural and Forest Meteorology, 146（1-2）：38-56.

DEERING D W, 1978. Rangeland reflectance characteristics measured by aircraft and spacecraft sensors [D]. USA：Texas A & M University.

DELPHINE S, WALLACE E, JACQUET F, 2009. Economic analysis of the potential of cellulosic biomass available in France from agricultural residue and energy crops[J]. Bioenergy Research, 3（2）：183-193.

DENTE L, SATALINO G, MATTIA F, et al., 2008. Assimilation of leaf area index derived from ASAR and MERIS data into CERES-Wheat model to map wheat yield [J]. Remote Sensing of Environment, 112（4）：1395-1407.

DIAN Y, LE Y, FANG S, et al., 2016. Influence of spectral bandwidth and position on chlorophyll content retrieval at leaf and canopy levels [J]. Journal of the Indian Society of Remote Sensing, 44（4）：583-593.

DONG T, LIU J, QIAN B, et al., 2017. Deriving maximum light use efficiency from crop growth model and satellite data to improve crop biomass estimation[J]. IEEE Journal of Selected Topics in Applied Earth Observations and Remote Sensing, 10（1）：104-117.

DONG T, LIU J, QIAN B, et al., 2016. Estimating winter wheat biomass by assimilating leaf area index derived from fusion of Landsat-8 and MODIS data[J]. International Journal of Applied Earth Observation and Geoinformation, 49：63-74.

DORIGO W A, ZURITA-MILLA R, DE WIT A J W, et al., 2007. A review on reflective remote sensing and data assimilation techniques for enhanced agroecosystem modeling[J]. International Journal of Applied Earth Observation and Geoinformation, 9（2）: 165-193.

DU X, LI Q, DONG T, et al., 2015. Winter wheat biomass estimation using high temporal and spatial resolution satellite data combined with a light use efficiency model[J]. Geocarto International, 30（3）: 258-269.

DUAN Q Y, GUPTA V K, SOROOSHIAN S, 1993. Shuffled complex evolution approach for effective and efficient global minimization[J]. Journal of Optimization Theory and Application, 76（3）: 501-521.

DUAN Q Y, SOROOSHIAN S, GUPTA V K, 1992. Effective and efficient global optimization for conceptual rainfall-runoff models [J]. Water Resources Research, 28（4）: 1015-1031.

DUAN Q Y, SOROOSHIAN S, GUPTA V K, 1994. Optimal use of SCE-UA global optimization method for calibrating watershed models [J]. Journal of Hydrology, 158（3-4）: 265-284.

EASTERLINGA W E, WEISSB A, HAYS C J, et al., 1998. Spatial scales of climate information for simulating wheat and maize productivity: the case of US Great Plains [J]. Agricultural and Forest Meteorology, 90（1-2）: 51-63.

ECK T F, DYE D G, 1991. Satellite estimation of incident photosynthetically active radiation using ultraviolet reflectance[J]. Remote Sensing of Environment, 38（2）: 135-146.

EITEL J U H, MAGNEY T S, VIERLING L A, et al., 2014. LiDAR based biomass and crop nitrogen estimates for rapid, non-destructive assessment of wheat nitrogen status[J]. Field Crops Research, 159: 21-32.

FANG H, LIANG S, HOOGENBOOM G, et al., 2008. Corn yield estimation through assimilation of remotely sensed data into the CSM-CERES-Maize model[J]. International Journal of Remote Sensing, 29（10）: 3011-3032.

FANG H, LIANG S, KUUSK A, 2003. Retrieving leaf area index using a genetic algorithm with a canopy radiative transfer model [J]. Remote Sensing of Environment, 85（3）: 257-270.

FENSHOLT R, SANDHOLT I, RASMUSSEN M S, 2004. Evaluation of MODIS

LAI, fPAR and the relation between fPAR and NDVI in a semi-arid environment using in situ measurements[J]. Remote Sensing of Environment, 91（3-4）: 490-507.

FERRAZZOLI P, PALOSCIA S, PAMPALONI P, et al., 1997. The potential of multifrequency polarimetric SAR in assessing agricultural and arboreous biomass[J]. IEEE Transactions on Geoscience and Remote Sensing, 35（1）: 5-17.

FIELD C B, BEHRENFELD M J, RANDERSON J T, et al., 1998. Primary production of the biosphere: Integrating terrestrial and oceanic components [J]. Science, 281（5374）: 237-240.

FIELD C B, RANDERSON J T, MALMSTROM C M, 1995. Global net primary production: Combining ecology and remote sensing [J]. Remote Sensing of Environment, 51（1）: 74-88.

FILELLA I, PENUELAS J, 1994. The red edge position and shape as indicators of plant chlorophyll content biomass and hydric status[J]. International Journal of Remote Sensing, 15（7）: 1459-1470.

FORZIERI G, 2012. Satellite retrieval of woody biomass for energetic reuse of riparian vegetation[J]. Biomass and Bioenergy, 36: 432-438.

FU Y, YANG G, WANG J, et al., 2014. Winter wheat biomass estimation based on spectral indices, band depth analysis and partial least squares regression using hyperspectral measurements[J]. Computers and Electronics in Agriculture, 100: 51-59.

GAO S, NIU Z, HUANG N, et al., 2013. Estimating the leaf area index, height and biomass of maize using HJ-1 and RADARSAT-2[J]. International Journal of Applied Earth Observation and Geoinformation, 24: 1-8.

GITELSON A A, 2004. Wide dynamic range vegetation index for remote quantification of biophysical characteristics of vegetation[J]. Journal of Plant Physiology, 161（2）: 165-173.

GNYP M L, BARETH G, LI F, et al., 2014. Development and implementation of a multiscale biomass model using hyperspectral vegetation indices for winter wheat in the North China Plain[J]. International Journal of Applied Earth Observation and Geoinformation, 33: 232-242.

GNYP M L, MIAO Y X, YUAN F, et al., 2014. Hyperspectral canopy sensing of paddy rice aboveground biomass at different growth stages[J]. Field Crops Research, 155: 42-55.

GOETZ S J, PRINCE S D, GOWARD S N, et al., 1999. Satellite remote sensing of primary production: An improved production efficiency modeling approach[J]. Ecological Modelling, 122（3）: 239-255.

GOLDBERG B, KLEIN W H, 1980. A model for determination the spectral quality of daylight on a horizontal surface at any geographical location[J]. Solar Energy, 24: 351-357.

HABOUDANE D, MILLER J R, PATTEY E, et al., 2004. Hyperspectral vegetation indices and novel algorithms for predicting green LAI of crop canopies: Modeling and validation in the context of precision agriculture[J]. Remote Sensing of Environment, 90（3）: 337-352.

HANAN N P, PRINCE S D, BÉGUÉ A, 1995. Estimation of absorbed photosynthetically active radiation and vegetation net production efficiency using satellite data[J]. Agricultural and Forest Meteorology, 76（3-4）: 259-276.

HANSEN P M, SCHJOERRING J K, 2003. Reflectance measurement of canopy biomass and nitrogen status in wheat crops using normalized difference vegetation indices and partial least squares regression[J]. Remote Sensing of Environment, 86（4）: 542-553.

HOSGOOD B, JACQUEMOUD S, ANDREOLI G, et al., 1995. Leaf optical properties experiment 93（LOPEX93）[R]. Joint Research Centre, Institute for Remote Sensing Applications, Report EUR 16095 EN.

HOUBORG R, ANDERSON M, DAUGHTRY C, 2009. Utility of an image-based canopy reflectance modeling tool for remote estimation of LAI and leaf chlorophyll content at the field scale[J]. Remote Sensing of Environment, 113（1）: 259-274.

HOUBORG R, BOEGH E, 2008. Mapping leaf chlorophyll and leaf area index using inverse and forward canopy reflectance modeling and SPOT reflectance data[J]. Remote Sensing of Environment, 112（1）: 186-202.

HOUBORG R, SOEGAARD H, BOEGH E, 2007. Combining vegetation index and model inversion methods for the extraction of key vegetation biophysical parameters using Terra and Aqua MODIS reflectance data[J]. Remote Sensing of Environment,

106（1）：39-58.

HUANG J，SEDANO F，HUANG Y，et al.，2016. Assimilating a synthetic Kalman filter leaf area index series into the WOFOST model to estimate regional winter wheat yield [J]. Agricultural and Forest Meteorology，216：188-202.

HUANG J，GÓMEZ-DANS JOSE L，HUANG HAI，et al.，2019. Assimilation of remote sensing into crop growth models：Current status and perspectives[J]. Agricultural and Forest Meteorology，276-277：107609.

HUETE A R，LIU H Q，1994. An error and sensitivity analysis of the atmospheric and soil-correcting variants of the NDVI for the MODIS-EOS[J]. IEEE Transactions on Geoscience and Remote Sensing，32（4）：897-905.

HUETE A，DIDAN K，MIURA T，et al.，2001. Overview of the radiometric and biophysical performance of the MODIS vegetation indices[J]. Remote Sensing of Environment，83（1）：195-213.

INOUE Y，KUROSU T，MAENO H，et al.，2002. Season long daily measurements of multi-frequency（Ka，Ku，X，C，and L）and full-polarization backscatter signatures over paddy rice fieldand their relationship with biological variables[J]. Remote Sensing of Environment，81：194-204.

IQBAL M，1983. An introduction to solar radiation [M]. Toronto：Academic Press.

JACQUEMOUD S，BACOUR C，POILV H，et al.，2000. Comparison of four radiative transfer models to simulate plant canopies reflectance：direct and inverse mode[J]. Remote Sensing of Environment，74（3）：471-481.

JIANG D，ZHUANG D，FU J，et al.，2012. Bioenergy potential from crop residues in China：Availability and distribution[J]. Renewable and Sustainable Energy Reviews，16（3）：1377-1382.

JIN X L，KUMAR L，LI Z H，et al.，2016. Estimation of winter wheat biomass and yield by combining the AquaCrop model and field hyperspectral data[J]. Remote Sensing，8（12）：972.

JIN X L，YANG G J，XU X G，et al.，2015. Combined multi-temporal optical and radar parameters for estimating LAI and biomass in winter wheat using HJ and RADARSAR-2 data[J]. Remote Sensing，7（10）：13251-13272.

JOHANSEN B，TØMMERVIK H，2014. The relationship between phytomass，

NDVI and vegetation communities on Svalbard[J]. International Journal of Applied Earth Observation and Geoinformation, 27: 20-30.

JONES C A, DYKE P T, WILLIAMS J R, et al., 1991. EPIC: An operational model for evaluation of agricultural sustainability [J]. Agricultural Systems, 37 (4): 341-350.

KEMANIAN A R, STOCKLE C O, HUGGINS D R, 2004. Variability of barley radiation-use efficiency[J]. Crop Science, 44 (5): 1662-1672.

KROSS A, MCNAIRN H, LAPEN D, et al., 2015. Assessment of rapideye vegetation indices for estimation of leaf area index and biomass in corn and soybean crops[J]. International Journal of Applied Earth Observation and Geoinformation, 34: 235-248.

KRUSE F A, Lefkoff A B, Boardman J W, et al., 1993. The spectral image processing system (SIPS)—interactive visualization and analysis of imaging spectrometer data[J]. Remote Sensing of Environment, 44 (2-3): 145-163.

KUUSK A, 1995. A Markov chain model of canopy reflectance[J]. Agricultural and Forest Meteorology, 76 (3-4): 221-236.

KUUSK A, 1994. A multispectral canopy reflectance model[J]. Remote Sensing of Environment, 50 (2): 75-82.

KUUSK A, 2001. A two-layer canopy reflectance model[J]. Journal of Quantitative Spectroscopy and Radiative Transfer, 71 (1): 1-9.

KUUSK A, 2009. Two-layer canopy reflectance model[R]. ACRM User Guide.

LIAO C, YAN Y, WU C, et al., 2004. Study on the distribution and quantiy of biomass residues resources in China [J]. Biomass and Bioenergy, 27 (2): 111-117.

LIU B, ASSENG S, WANG A, et al., 2017. Modelling the effects of post-heading heat stress on biomass growth of winter wheat[J]. Agricultural and Forest Meteorology, 247: 476-490.

LIU H Q, HUETE A R, 1995. A feedback based modification of the NDVI to minimize canopy background and atmospheric noise[J]. IEEE Transactions on Geoscience and Remote Sensing, 33 (2): 457-465.

LIU J, PATTEY E, MILLER J R, et al., 2010. Estimating crop stresses, aboveground dry biomass and yield of corn using multi-temporal optical data combined with a radiation use efficiency model [J]. Remote Sensing of Environment, 114: 1167-1177.

LIU K, ZHOU Q, WU W, et al., 2016. Estimating the crop leaf area index using hyperspectral remote sensing [J]. Journal of Integrative Agriculture, 15 (2): 475-491.

LJUBICIC N, KOSTIC M, MARKO O, et al., 2018. Estimation of aboveground biomass and grain yield of winter wheat using NDVI measurements[C]. In: Kovacevic D, ed. Proceedings of IX International Scientific Agriculture Symposium "AGROSYM 2018", Jahorina, Bosnia and Herzegovina: 390-397.

LOBELL D B, ASNER G P, ORITIZ-MONASTERIO J I, et al., 2003. Remote sensing of regional crop production in the Yaqui Valley, Mexico: Estimates and uncertainties[J]. Agriculture, Ecosystems and Environment, 94 (2): 205-220.

LOBELL D B, HICKE J A, ASNER G P, et al., 2002. Satellite estimates of productivity and light use efficiency in the United States agriculture, 1982—1998[J]. Global Change Biology, 8 (8): 722-735.

LOOMS R S, CONNOR D J, 2002. Crop ecology-productivity and management in agricultural systems[M]. Beijing: China Agricultural Press.

MA J C, LI Y X, CHEN Y Q, et al., 2019. Estimating above ground biomass of winter wheat at early growth stages using digital images and deep convolutional neural network[J]. European Journal of Agronomy, 103: 117-129.

MACHWITZ M, GIUSTARINI L, BOSSUNG C, et al., 2014. Enhanced biomass prediction by assimilating satellite data into a crop growth model[J]. Environmental Modelling & Software, 62: 437-453.

MANSARAY L R, 2019. Mapping rice fields, biomass and leaf area index using optical and microwave satellite imagery [D]. Zhejiang: Zhejiang University.

MARIOTTO I, THENKABAIL P S, HUETE A, et al., 2013. Hyperspectral versus multispectral crop-productivity modeling and type discrimination for the HyspIRI mission[J]. Remote Sensing of Environment, 139: 291-305.

MARSHALL M, THENKABAIL P S, 2015. Advantage of hyperspectral EO-1 Hyperion over multispectral IKONOS, GeoEye-1, WorldView-2, Landsat

ETM$^+$, and MODIS vegetation indices in crop biomass estimation [J]. ISPRS Journal of Photogrammetry and Remote Sensing, 108: 205-218.

MATTIA F, TOAN T L, PICARD G, et al., 2003. Multitemporal C-band radar measurements on wheat fields. IEEE Transactions on Geoscience and Remote Sensing, 41 (7): 1551-1560.

MCCULLOUGH E C, 1968. Total daily radiant energy available extraterrestrially as a harmonic series in the day of the Year [J]. Archiv fur Meteorologie, Geophysik und Bioklimatologie, Ser. B, 16: 129-143.

MCFEETERS S K, 1996. The use of the normalized difference water index (NDWI) in the delineation of open water features [J]. International Journal of Remote Sensing, 17 (7): 1425-1432.

MCGUIRE A D, MELILLO J M, KICKLIGHTER D W, et al., 1995. Equilibrium responses of soil carbon to climate change: Empirical and process-based estimates [J]. Journal of Biogeography, 22 (4-5): 785-796.

MELILLO J M, MCGUIRE A D, KICKLIGHTER D W, et al., 1993. Global climate change and terrestrial net primary production [J]. Nature, 363 (6426): 234-240.

MICHELE R, NICOLA L, ZINA F, 2003. Evaluation and application of the OILCROP-SUN model for sunflower in southern Italy [J]. Agricultural Systems, 78 (1): 17-30.

MONTEITH J L, 1972. Solar radiation and productivity in tropical ecosystem [J]. Journal of Applied Ecology, 9: 747-766.

MUTANGA O, ADAM E, CHO M A, 2012. High density biomass estimation for wetland vegetation using WorldView-2 imagery and random forest regression algorithm [J]. International Journal of Applied Earth Observation and Geo-information, 18: 399-406.

MYNENI RB, PRIVETTE JL, RUNNING SW, et al., 1999-4-30. MODIS leaf area index (LAI) and fraction of photosynthetically active radiation absorbed by vegetation (FPAR) product (MOD15) algorithm theoretical basis document[EB/OL]. http://modis. gsfc. nasa. gov/data/atbd/atbd_mod15. pdf.

NOILHAN J, PLANTON S, 1989. A simple parameterization of land surface processes for meteorological models[J]. Monthly Weather Review, 117（3）: 536-549.

PARTON W J, SCURLOCK J M O, OJIMA D S, et al., 1993. Observations and modeling of biomass and soil organic matter dynamics for the grassland biome worldwide [J]. Global Biogeochem Cycles, 7（4）: 85-809.

POTTER C S, RANDERSON J T, Field C B, et al., 1993. Terestrial ecosystem production: a process model based on global satellite and surface data. Global Biogeochemical Cycles, 7（4）: 811-841.

PRICE J C, 1990. On the information content of soil reflectance spectra[J]. Remote Sensing of Environment, 33（2）: 113-121.

PRINCE S D, GOWARD S N, 1995. Global primary production: A remote sensing approach [J]. Journal of Biogeography, 22（4-5）: 815-835.

PSOMAS A, KNEUBÜHLER M, HUBER S, et al., 2011. Hyperspectral remote sensing for estimating aboveground biomass and for exploring species richness patterns of grassland habitats[J]. International Journal of Remote Sensing, 32（4）: 9007-9031.

PU R, GONG P, BIGING G S, et al., 2003. Extraction of red edge optical parameters from Hyperion data for estimation of forest leaf area index[J]. IEEE Transactions on Geoscience and Remote Sensing, 41（4）: 916-921.

RAICH J W, RASTETTER E B, MELILLO J M, et al., 1991. Potential net primary productivity in South America: Application of a global model [J]. Ecological Applications, 1（4）: 399-429.

REN H, ZHOU G, 2014. Estimating aboveground green biomass in desert steppe using band depth indices [J]. Biosystems Engineering, 127: 67-78.

REN H, ZHOU G, 2012. Estimating senesced biomass of desert steppe in Inner Mongolia using field spectrometric data [J]. Agricultural and Forest Meteorology, 161: 66-71.

REN J, CHEN Z, TANG H, et al., 2011. Simulation of regional winter wheat yield by combining EPIC model and remotely sensed LAI based on global optimization algorithm[C]. Proceedings of IEEE International Geoscience and Remote Sensing Symposium（IGARSS' 2011）, Vancouver, Canada: 4058-4061.

REN J, CHEN Z, YANG X, et al., 2009. Regional yield prediction of winter wheat based on retrieval of leaf area index by remote sensing technology[C]. Proceedings of IEEE International Geoscience and Remote Sensing Symposium, Cape Town, South Africa: 374-377.

REN J, YU F, DU Y, et al., 2009. Assimilation of field measured LAI into crop growth model based on SCE-UA optimization algorithm [C]. Proceedings of IEEE International Geoscience and Remote Sensing Symposium, Cape Town, South Africa, 3: 573-576.

REN J, YU F, QIN J, et al., 2010. Integrating remotely sensed LAI with EPIC model based on global optimization algorithm for regional crop yield assessment[C]. Proceedings of IEEE International Geoscience and Remote Sensing Symposium (IGARSS' 2010), Honolulu, Hawaii, USA: 2147-2150.

RICHARDSON A J, WIEGAND C L, 1977. Distinguishing vegetation from soil background information [J]. Photogrammetric Engineering and Remote Sensing, 43 (12): 1541-1552.

RINALDI M, LOSAVIO N, FLAGELLA Z, 2003. Evaluation and application of the OILCROP-SUN model for sunflower in southern Italy[J]. Agricultural Systems, 78 (1): 17-30.

ROUJEAN J L, BREON F M, 1995. Estimating PAR absorbed by vegetation from bidirectional reflectance measurements[J].Remote Sensing of Environment, 51 (3): 375-384.

RUNNING S W, COUGHLAN J C, 1988. A general model of forest ecosystem processes for regional applications I. Hydrological balance, canopy gas exchange and primary production processes [J]. Ecological Modelling, 42: 125-154.

RUNNING S W, NEMANI R R, GLASSY J M, et al., 1999. MODIS Daily Photosynthesis (PSN) and Annual Net Primary Production (NPP) Product (MOD17) [R]. Algorithm Theoretical Basis Document Version 3. 0.

RUNNING S W, NEMANI R R, PETERSON D, et al., 1989. Mapping regional forest evaportranspiration and photosynthesis by coupling satellite data with ecosystem simulation [J]. Ecology, 70 (4): 1090-1101.

SCURLOCK J M O, JOHNSON K, OLSON R J, 2002. Estimating net primary productivity from grassland biomass dynamics measurements [J]. Global Change Biology, 8（8）: 736-753.

SIEGMANN B, JARMER T, 2015. Comparison of different regression models and validation techniques for the assessment of wheat leaf area index from hyperspectral data [J]. International Journal of Remote Sensing, 36（18）: 4519-4534.

SONG Y, WANG J F, SHANG J L, et al., 2020. Using UAV-based SOPC derived LAI and SAFY model for biomass and yield estimation of winter wheat[J]. Remote Sensing, 12（15）: 2378.

TAN G, SHIBASAKI R, 2003. Global estimation of crop productivity and the impacts of global warming by GIS and EPIC integration [J]. Ecological Modelling, 168（3）: 357-370.

TAO F, YOKOZAWA M, ZHANG Z, et al., 2005. Remote sensing of crop production in China by production efficiency models: Models comparisons, estimates and uncertainties[J]. Ecological Modelling, 183（4）: 385-396.

THENKABAIL P S, ENCLONA E A, 2004. Accuracy assessments of hyperspectral waveband performance for vegetation analysis applications [J]. Remote Sensing of Environment, 91（3）: 354-376.

THENKABAIL P S, SMITH R B, DE PAUW E, 2000. Hyperspectral vegetation indices and their relationships with agricultural crop characteristics [J]. Remote Sensing of Environment, 71（2）: 158-182.

TILLY N, HOFFMEISTER D, CAO Q, et al., 2014. Multitemporal crop surface models: Accurate plant height measurement and biomass estimation with terrestrial laser scanning in paddy rice[J]. Journal of Applied Remote Sensing, 8（1）: 1-20.

TSUI O W, COOPS N C, WULDER M A, et al., 2013. Integrating airborne LiDAR and space-borne radar via multivariate kriging to estimate above-ground biomass [J]. Remote Sensing of Environment, 139: 340-352.

VERHOEF W, BACH H, 2003. Simulation of hyperspectral and directional radiance images using coupled biophysical and atmospheric radiative transfer models[J]. Remote Sensing of Environment, 87（1）: 23-41.

VERMOTE E F, EL SALEOUS N Z, JUSTICE C O, 2002. Atmospheric correction of MODIS data in the visible to middle infrared: First results[J]. Remote Sensing of

Environment, 83（1-2）：97-111.

VERRELST J, MUÑOZ J, ALONSO L, et al., 2012. Machine learning regression algorithms for biophysical parameter retrieval: Opportunities for Sentinel-2 and -3[J]. Remote Sensing of Environment, 118: 127-139.

WANG L, ZHOU X, ZHU X, et al., 2016. Estimation of biomass in wheat using random forest regression algorithm and remote sensing data[J]. The Crop Journal, 4（3）：212-219.

WIGNERON J P, FERRAZZOLI P, OLIOSO A, et al., 1999. A simple approach to monitor crop biomass from C-band radar data [J]. Remote Sensing of Environment, 69（2）：179-188.

WILLIAMS J R, JONES C A, KINIRY J R, 1989. The EPIC crop growth model [J]. Transactions of ASAE, 32: 497-511.

WINTERHALTER L, MISTELE B, SCHMIDHALTER U, 2012. Assessing the vertical footprint of reflectance measurements to characterize nitrogen uptake and biomass distribution in maize canopies [J]. Field Crops Research, 129: 14-20.

XIAO Z, LIANG S, WANG J, et al., 2011. Real-time retrieval of leaf area index from MODIS time series data[J]. Remote Sensing of Environment, 115（1）：97-106.

XIONG W, BALKOVIC J, VAN DER VELDE M, et al., 2014. A calibration procedure to improve global rice yield simulations with EPIC [J]. Ecological Modelling, 273: 128-139.

XU B, YANG X, TAO W, 2007. Remote sensing monitoring upon the grass production in China [J]. Acta Ecologica Sinica, 27（2）：405-413.

YAN FENG, WU BO, WANG YANJIAO, 2015. Estimating spatiotemporal patterns of aboveground biomass using Landsat TM and MODIS images in the Mu Us Sandy Land, China [J]. Agricultural and Forest Meteorology, 200: 119-128.

YANG FEI, WANG JUANLE, CHEN PENGFEI, et al., 2012. Comparison of HJ-1A CCD and TM data and for estimating grass LAI and fresh biomass [J]. Journal of Remote Sensing, 16（5）：1000-1023.

YANG K, KOIKE T, YE B, 2006. Improving estimation of hourly, daily, and monthly solar radiation by importing global data sets [J]. Agricultural and Forest Meteorology, 137（1-2）：43-55.

YUE J B, FENG H K, YANG G J, et al., 2018. A Comparison of regression techniques for estimation of above-ground winter wheat biomass using near-surface spectroscopy[J]. Remote Sensing, 10（1）: 66.

YUE J B, YANG G J, LI C C, et al., 2017. Estimation of winter wheat above-ground biomass using unmanned aerial vehicle-based snapshot hyperspectral sensor and crop height improved models[J]. Remote Sensing, 9（7）: 708.

YUE J B, ZHOU C Q, GUO W, et al., 2021. Estimation of winter-wheat above-ground biomass using the wavelet analysis of unmanned aerial vehicle-based digital images and hyperspectral crop canopy images[J]. International Journal of Remote Sensing, 42（5）: 1602−1622.

YUE J, YANG G, TIAN Q, et al., 2019. Estimate of winter-wheat above-ground biomass based on UAV ultrahih-ground-resolution image textures and vegetation indices[J]. ISPRS Journal of Photogrammetry and Remote Sensing, 150: 226−244.

YUE JIBO, FENG HAIKUAN, LI ZHENHAI, et al., 2021. Mapping winter-wheat biomass and grain yield based on a crop model and UAV remote sensing [J]. International Journal of Remote Sensing, 42（5）: 1577−1601.

ZANDLER H, BRENNING A, SAMIMI C, 2015. Potential of space-borne hyperspectral data for biomass quantification in an arid environment: Advantages and limitations [J]. Remote Sensing, 7（4）: 4565−4580.

ZANDLER H, BRENNING A, SAMIMI C, 2015. Quantifying dwarf shrub biomass in an arid environment: Comparing empirical methods in a high dimensional setting [J]. Remote Sensing of Environment, 158: 140−155.

ZHA Y, GAO J, 2003. Use of normalized difference built-up index in automatically mapping urban areas from TM imagery [J]. International Journal of Remote Sensing, 24（3）: 583−594.

ZHANG M, WU B, MENG J, 2014. Quantifying winter wheat residue biomass with a spectral angle index derived from China Environmental Satellite data[J]. International Journal of Applied Earth Observation and Geoinformation, 32: 105−113.

ZHANG W F, CHEN E X, LI Z Y, et al., 2019. Estimation of biomass in winter wheat（*Triticum Aestivum* L.）using polarimetric water-cloud model[C]. 2019 IEEE International Geoscience and Remote Sensing Symposium（IGARSS

2019），Yokohama，JAPAN：7196-7199.

ZHENG D，RADEMACHER J，CHEN J，et al.，2004. Estimating aboveground biomass using Landsat 7 ETM$^+$ data across a managed landscape in northern Wisconsin，USA[J]. Remote Sensing of Environment，93（3）：402-411.

ZHENG Y，ZHANG M，ZHANG X，et al.，2016. Mapping winter wheat biomass and yield using time series data blended from PROBA-V 100- and 300-m S1 products[J]. Remote Sensing，8（10）：824.